大脑与我们

摆脱绝望，走出怪圈

于松 著

中国书籍出版社
China Book Press

图书在版编目（CIP）数据

大脑与我们：摆脱绝望，走出怪圈 / 于松著. —北京：中国书籍出版社，2021.4
ISBN 978-7-5068-8412-9

Ⅰ.①大… Ⅱ.①于… Ⅲ.①心理学—通俗读物
Ⅳ.①B84-49

中国版本图书馆CIP数据核字（2021）第056136号

大脑与我们：摆脱绝望，走出怪圈

于 松 著

责任编辑	李　新
责任印制	孙马飞　马　芝
封面设计	中尚图
出版发行	中国书籍出版社
地　　址	北京市丰台区三路居路 97 号（邮编：100073）
电　　话	（010）52257143（总编室）（010）52257140（发行部）
电子邮箱	eo@chinabp.com.cn
经　　销	全国新华书店
印　　刷	天津中印联印务有限公司
开　　本	880 毫米 × 1230 毫米　1/32
字　　数	185千字
印　　张	7.75
版　　次	2021 年 4 月第 1 版　2021 年 4 月第 1 次印刷
书　　号	ISBN 978-7-5068-8412-9
定　　价	59.00 元

版权所有　翻印必究

谨以此书致敬心理学及其相关领域的开拓者和耕耘者们，他们以对人类的悲悯心、责任心与孜孜不倦的工作，推动了人类自我认识的向前发展，解开了禁锢人类心灵长达千年的枷锁。

致 读 者

　　我邀请读者在读这本书之前听一听我的啰里啰唆，我想告诉读者激发我写这本书的初衷是什么。我是一个十分喜好读书、思考和钻研的人。我在象牙塔里待了很长的一段时间去研习心理学，带着我心中的疑惑阅读了大量的心理学专业书刊和论文。不过，我从未获得答案。相反，我收获的是困惑，大量的困惑。我那时常常抱怨，为什么没有一本书，或者一个人能够解答我的疑惑？为什么没有可以称得上是"真实"的东西，也就是那种可以看得见、摸得着的东西？那些听起来仿若哲学式的普世的道理如何能够治疗发生在实实在在的身体和大脑中的疾病呢？

　　就如同任何一个专科的医生在面对疾病的时候不能困惑一样，只有在对疾病的来龙去脉有了深刻的理解和把握之后才有可能思路明晰地制订出合理的治疗方案，并取得预期的治疗成效，这些是我所相信的道理。于是，我便踏上了"路漫漫其修远兮，吾将上下而求索"的求解之路，直至紧皱的眉头终于可以舒展。我倾力写作了这本《大脑与我们》，力求在这本书中给读者呈现一个真实的心理学。同时，我也期盼读者能够在轻松愉悦而又十分享受的阅读过程中领略到我心中所见的那片纯净的心理学之芳草地的美。

前 言

　　我接触心理学大概有十多年了。不过，心理学在中国的发展要远远多于十年。我相信许多读者也都或多或少地了解一些心理学。而且，大多数人把心理学理解为一种哲学、文学、社会学，或者一门带有神秘色彩的学问。也的确如此。不过，事实上，心理学也是一门关于生命的科学。而且，作为一门科学，心理学的发展与其他科学的发展轨迹也有些类似。它从哲学、文学和宗教等带有人文色彩的文化当中萌生出来，并逐渐发展成为一门可被大多数人接受的、独立的科学体系，这是读者能在阅读本书的过程中体会到的。

　　这本书的第一章讲述大脑和意识，在"大脑的结构与功能"当中，我倾力用读者能够理解的方式去介绍大脑的生理结构和功能。而且，我主要介绍了与我在本书中讲述的内容相关的那部分大脑结构，它们也是与我们的精神心理问题十分相关的核心成分。不过，我仍然在"大脑的进化"当中给读者呈现了完整的大脑结构，因为我不希望我在这本书的内容上所做的取舍和安排影响读者对大脑留有完整的印象。在介绍"大脑的结构"时，为了严谨和客观，我引用了从一些权威的解剖学图谱中获得的图片，我在每一张图片下面标注了出处，以便于读者查询。此外，我在这本书中使用了大量简化版的大脑结构的模式图和一些模型，一方面是出于客观的需要，因为，至今为止，认知科学领域的科学工作者对大脑的认识、理解和研究证据仍十分有限；另一方面，我认为使用简化的模式图和模型对读者理解本书的内容十分有助益，而且也十分必要。

第一章第二节讲述的关于"意识"的内容是这本书的核心，我认为厘清意识的来龙去脉是心理学最终能否从它的母体，即哲学、文学和宗教等中分离出来并发展成独立的科学体系，展现出它独特的魅力的关键之处。因此，我用了大量的篇幅去介绍它。

第二章讲述命运，我在这一章里讲述了是什么在冥冥之中主导我们的命运，以及我们如何能在可控的范围之内把握自己的命运。我在这一章仍在讲述一门关于生命的科学，中国有一句尽人皆知的古话，叫作"眼见为实"。这也就是说，对于那些已然呈现在我们的面前，但还不能被科学解释的东西是不能被否定的。这也是大部分坚持追求真理和真相的科学工作者们都认可的道理。而且，目前不能被科学解释的东西并不意味着它不能为科学解释，也不意味着它不是科学。因此，那些发生了的现象，无论它们是什么，它们都无法迷惑一双坚持真理和求真的科学探测之眼。

在第三章我讲述了一些能够引发精神心理问题的生活现实，我把它们称之为灾难。事实上，对于生活在社群当中的人们来说，这些灾难几乎人人难以避免，即没有人能独善其身。我在这一章给有需要的读者提供了一些自助类的建议。不过，这些建议只是为那些在夜里行走的人们提供了一盏可以提在手上的明灯。我也在这本书中给读者讲述了为什么我只能提供一盏与现今社会那些随处可见的明亮的路灯相比，看起来十分"可怜"的手提明灯。因为，几乎每个人由经验塑造的大脑都可能是不同的，重塑大脑就方法学上来说，几乎不存在一个放之四海而皆准的准则。相反，它是"条条大路通罗马"。这也是为什么相比一本事无巨细的自助指南，身处充满矛盾与混乱之中的人们更喜欢那些普世的道理的原因。

在第四章中我基于生命之上讲述了我对于人文的一些思考，我希望它们会对读者有帮助。不过，请记住，这本书并不是终止，它仅仅是一个开始。

于松

2020年8月

目　录

第一章　冰山

第一节　大脑　　　　　　　　　　　　　　005
一、大脑的结构和功能　　　　　　　　　005
　　1. 大脑的结构　　　　　　　　　　　005
　　2. 大脑的功能　　　　　　　　　　　023
二、大脑的学习和大脑可塑性　　　　　　030
　　1. 大脑的学习　　　　　　　　　　　030
　　2. 塑造大脑的学习——建立神经回路　032
　　3. 学习引发的神经兴奋/抑制失调　　　046
　　4. 大脑可塑性　　　　　　　　　　　052
　　5. 大脑的进化　　　　　　　　　　　056

第二节　意识　　　　　　　　　　　　　　061
一、意识的产生　　　　　　　　　　　　061
　　1. 从反应到意识　　　　　　　　　　061
　　2. 自我与意识　　　　　　　　　　　064

3. 表征、心灵与意识　　　　　　　　069

　　4. 身体、情绪与意识　　　　　　　　071

　　5. 反射、动作与意识　　　　　　　　076

　　6. 专注力　　　　　　　　　　　　　079

二、意识与文明　　　　　　　　　　　　082

第二章　怪圈

第一节　命定　　　　　　　　　　　　093
　一、神秘的概率　　　　　　　　　　　　094
　二、隐藏着的仲裁者　　　　　　　　　　104
　　1. 本能　　　　　　　　　　　　　　105
　　2. 本我　　　　　　　　　　　　　　106
　　3. 超我　　　　　　　　　　　　　　106
　　4. 自我　　　　　　　　　　　　　　106
　三、被记忆塑造　　　　　　　　　　　　117
　　1. 记忆与人格　　　　　　　　　　　118
　　2. 记忆与认知　　　　　　　　　　　122
　四、被囚禁的记忆　　　　　　　　　　　125
　　1. 无言的记忆　　　　　　　　　　　127
　　2. 消失的记忆　　　　　　　　　　　131
　　3. 虚假的记忆　　　　　　　　　　　133
　五、被记忆囚禁　　　　　　　　　　　　134

第二节　解救　　　　　　　　　　139

一、身体里的小人儿　　　　　　139
1. 神经—肌肉反应　　　　140
2. 陈述性记忆与程序性记忆　　　　145

二、接纳与平衡　　　　　　147
1. 驱力、需要与动机　　　　148
2. 一致性　　　　149
3. 接纳与平衡　　　　153

第三章　旅程

第一节　灾难　　　　　　　　　　171

灾难之一：家庭　　　　　　171
灾难之二：校园　　　　　　174
灾难之三：职场　　　　　　175
灾难之四：社会　　　　　　177
灾难之五：婚姻　　　　　　178
灾难之六：朋友　　　　　　180
灾难之七：机器人　　　　　　182
灾难之八：无知　　　　　　184

第二节　重建　　　　　　　　　　185

一、神经递质与神经递质通路　　　　186
1. 神经递质　　　　186
2. 神经递质通路　　　　188

二、战胜抑郁　　　　　　　　　　190
   1. 抗抑郁的药物　　　　　　　190
   2. 经颅磁刺激（TMS）　　　　192
   3. 运动治疗　　　　　　　　　192
   4. 饮食治疗　　　　　　　　　193
   5. 心理治疗　　　　　　　　　193
  三、战胜失眠　　　　　　　　　　195
  四、战胜心理创伤　　　　　　　　199
  五、战胜疼痛　　　　　　　　　　201
  六、战胜成瘾　　　　　　　　　　205

第四章　更新

第一节　存在　　　　　　　　　　215
  一、遗传　　　　　　　　　　　　215
  二、教养　　　　　　　　　　　　217
  三、社群　　　　　　　　　　　　220
  四、文明　　　　　　　　　　　　223

第二节　远征　　　　　　　　　　226
  一、请带上身体　　　　　　　　　226
  二、书写一部《有关于你》的自传　227

结　语　　　　　　　　　　　　　　230
致　谢　　　　　　　　　　　　　　231

Chapter 01

第一章

冰山

无知识的热心,犹如在黑暗中远征。

——艾萨克·牛顿

很多读者可能会好奇，我为什么要用"冰山"来做这本书第一章的标题？况且，第一章主要讲述的是关于我们大脑的知识，这个主题究竟与冰山有什么关系呢？我不知道当看到或者听到冰山这个词儿的时候，读者朋友们会联想到什么，是南极或北极大陆上那些白皑皑、冷冰冰的孤傲"统治者"？还是与读者自己的生活经验有关的什么东西或者场景呢？我想，冰山对于大部分读者来说可能就是从水平面上望过去可以看到的那块儿"小尖角"。不过，在看见我有意呈现给读者的图片之后就会知道，其实我们对冰山的了解甚少，我们了解的不过是冰山一角。

我在第一章中要讲述的内容就如同我们从水平面上看冰山时对冰山的所知一样。虽然，认知神经科学家们对大脑进行了长达几个世纪的研究，但是，我们仍然对我们大脑的运行机制所知甚少。这不仅指代对生物学大脑的认知上，也包括我们的意识。而且，对于我们的意识而言，除了能够被我们认识到的那部分内容之外，还包括在一般情况下很难被我们认识到，或者不经过专业探测方法就无法认识到的潜意识（又叫无意识）。不仅如此，那些很容易就能够被我们认识到的意识也如同冰山突露出水平面上的那块儿小尖角，它只占我们大脑功能很少的一部分。而很难被我们察觉到的潜意识却好比位于水平面下的那部分，庞大、浩瀚、深邃、惊人和不可捉摸！

第一章 冰山

一些接触过心理学的读者可能对潜意识这个概念并不陌生，如果这本书是你读的第一本心理学著作，我想，潜意识对你来说可能会有些新奇。请你不要担心，我在这本书中也会介绍潜意识，它是任何致力于心理学研究和实践的人员都不可忽视的。不过，我仍然推荐读者去读我已经出版了的《催眠人生：催眠治疗学探索》这本书，这是一本心理学的科普著作。在这本书中，你会了解到，潜意识就像居住在我们精神世界里的小怪兽，它是人类潜能的源泉。在漫长的人类历史中留下过一个个不可磨灭的足迹，创造了丰功伟绩，推动人类进步的伟人们都能够与自己的小怪兽和谐相处。不过，在这本书中，我会从另外一个重要的角度——生物学的角度介绍潜意识。

在第一章，我会向读者朋友们介绍数百年来，世界各国认知神经科学家们研究发现的那些与我们和我们的生活息息相关的成果。它主要涉及两个方面，一个是生物的大脑，一个是神秘的意识。其中，对于看得见、摸得着的生物性的大脑，我会从宏观和微观两个层面去介绍。宏观层面主要讲述人脑由哪几个部分构成，每个部分在通常情况下主要负责哪些功能，在特殊情况下又是怎样的。这样，读者就会了解到，在我们精神、心理健康和异常的时候我们大脑的哪些部分在说话，哪些部分在沉默。借此，我们就可以通过自我训练，维护好我们的精神心理健康状况。

从宏观出发了解大脑，好比入职一个单位时首先要弄清楚单位中有哪些部门，每个部门负责些什么等。之后，我会从微观层面介绍大脑，了解这部分内容也十分有必要。因为，我们入职后就要开始学习我们所在部门的具体业务了。实际上，大脑的微观世界就是大脑细胞，以及在脑细胞之间和脑细胞内部发生的各种事件。我们日常生活中的所有活动，如感知、运动、思维、记忆、意志、动机等等，都是由大脑中多个部位的神经元以数学中的排列组合的方式联合在一起按照一定的顺序放电引起的。不仅如此，这些数不清的神经元排列组合起来的数不清的放电模式与我们日常生活中的几乎各种思维和行为活动都是相对应的。在一些实验条件下，认知神经科学家们通过探测神经元的放电顺序，就能够准确推测出行为，反之亦然。可见，人类的思想活动和行为都具有生物学基础，它们并不是"无根之树，无源之水"，而人类本身也是能够思考和行为的生命。

　　几个世纪以来，研究意识曾经是认知神经科学领域中的大难题。科学家们一直在质疑意识是不是真的可以被科学研究与认识，因为它实在是太主观了。但是，为了避免意识陷入不可知，科学家们不断地开发和改进研究方法，现今已经有了许多十分可靠和可行的方法。目前，意识研究领域的科学家们在有关意识的某些方面已经有了一些共识，我将在本章第二节为读者介绍它们。了解这些不仅可以启发我们如何思考和行动，还与我们认识自己，自觉性地在生活中做出各种有益于我们自己的选择息息相关。现在，我邀请读者先了解意识之下的物质基础——人类的大脑。

第一节　大脑

一、大脑的结构和功能

1. 大脑的结构

（1）大脑的宏观结构

认识一个复杂事物的最好方法恐怕就是从"看图说话"开始了，图1-1就是一张大脑外侧面结构图。它是从一个人左边望过去，位于这个人的头颅之内的大脑组织的样貌。从右边看过去与左边是对称的。大脑总共分为四个脑叶，位于前额内部的区域被称作额叶；头顶内部的区域叫作顶叶；后脑下部，我们睡眠时与枕头接触的那部分脑区被划分为枕叶；双耳所在部位内部的脑区被称作颞叶。读者在本章后面的内容会看到，每个脑叶都有各自的功能。不仅如此，在某些特殊情况下，这些功能可以互相支撑和迁移。我们称之为大脑的"可塑性"，我将在本书中介绍它。

在图1-1中我们还可以看到，大脑中有很多纹路，这些纹路又叫作大脑皱褶。它们是由庞大的大脑组织折叠产生的。由于我们赖以生存的世界复杂多样，而且一直在发展变化，我们的大脑组织也在积年累月中不断进化。不但体积在变大，也越来越沉重，以便支持人类作为地球上最高级的生物适应这个复杂多变的世界。如果把大脑组织展开来，大概有一张报纸那么大，由大约140亿个神经细胞组成。面积如此庞大的脑组织把自己折叠之后"蜗居"到人类有限的颅骨空间中，就如同旅行前把大量的生活用品打包后塞入皮箱一样。大脑组织折叠之后就会形成我们可以在图1-1中看到的脑沟结构，它是由脑组织向内折叠形成的。被折叠进入内部的大脑皮层结构，如脑岛、扣带回等我们无法从外表面看到；脑沟与脑沟之间的部分叫作脑回，它是显露在外面的脑组织。大脑组织的折叠方式是与功能相关的，合作紧密的脑区相互毗邻，这使得各个脑区之间的相互支持与合作变得更容易和更有效率。除了四个脑叶之外，大脑还有许多更具体的功能分区（如图1-2），每个区域负责进化而来的一些优势功能。比如，前额叶皮层主要负责分析、推理、决策和执行等高级功能；初级运动皮层和前运动皮层在不同水平上加工运动信息；初级躯体感觉皮层和躯体感觉联合皮层在不同水平上加工感觉信息；初级听觉皮层和听觉联合皮层在不同水平上加工听觉信息；初级视觉皮层和视觉联合皮层在不同水平上加工视觉信息；等等。其中，额叶皮层的面积最大，包含了35亿个左右神经细胞，视听觉、躯体感觉皮层包含不到25亿个神经细胞，可以看出额叶皮层在人类的大

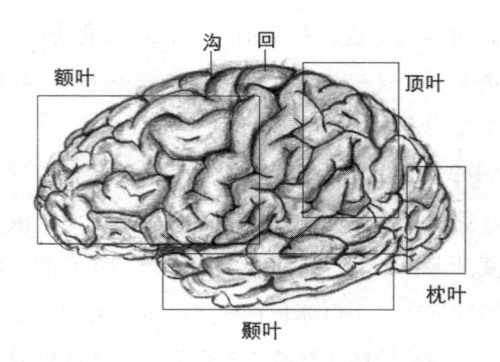

图1-1　大脑皮层外侧面和四个脑叶，即额叶、顶叶、颞叶、枕叶。

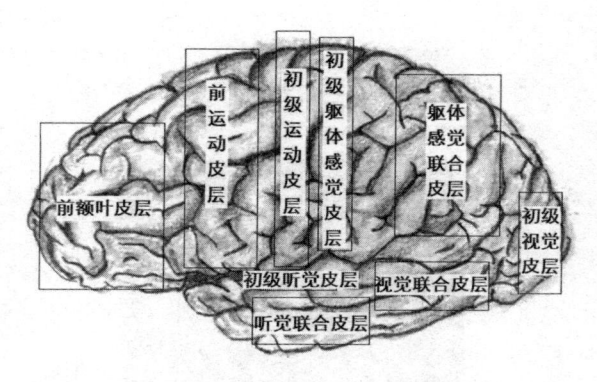

图1-2 大脑的信息加工包括初级加工和高级加工，初级加工位于初级皮层，高级加工位于联合皮层。

脑中具有重要的功能。通常情况下，大脑一刻不停地接收、加工和整合来自身体内、外部环境中的各种信号刺激，使我们做出反应并接受反馈。在这个过程中，我们就逐渐学会了如何有效地认识和适应我们所在的世界和我们自己。

除了从外表面可以看到的皮质结构外，大脑的其他结构都位于皮质的内面，我们可以称它们为大脑零件。相比大脑皮层，这些位于皮层内部的零件在进化上更加古老，我会在本章最后的"大脑进化史"中对它们做完整的说明。这里，我想先给读者介绍两个重要的零件，即海马和杏仁核。它们被研究得非常多，与我们日常生活中随处可见的现象，比如学习、记忆和情绪等密切相关，这些都是本书关注的主题。此外，海马还与近些年发病率越来越高的阿尔茨海默病（老年痴呆）相关。现在，我们可以通过图1-3和1-4来了解这两个零件。它们位于颞叶皮层的内侧，在颞叶受到损伤时很容易受到牵连。

杏仁核

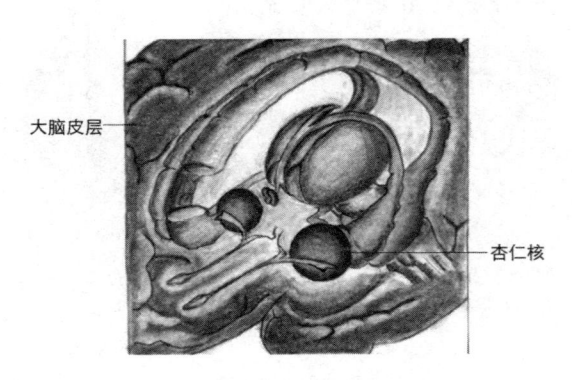

图1-3 杏仁核（大脑内侧面"零件"简图，除杏仁核外的大部分"零件"已略去）。

图1-3中的球状部分就是杏仁核，它与情绪，尤其是负性情绪，如恐惧、焦虑等有关。假设大脑中不存在杏仁核，我们就感觉不到害怕了，即使我们的生命遭遇到了威胁。举个例子，我们驾车遭遇到一两只张着血盆大口想要吃掉我们的野兽时会感到害怕——这显然是威胁到我们生命安全的事件。因此，我们会踩紧油门尽快摆脱危险。相反，如果大脑中没有杏仁核，我们就只会傻乎乎地停留在原地，等着野兽一步步地逼近我们，还不知道会发生什么。位于大脑颞叶部位的杏仁核是进化上的优势，它使我们能够意识到危险，从而采取措施保护自己，趋利避害。这对任何一个物种在地球上生存下来都是至关重要的。同时，杏仁核又是一把双刃剑，它与我在下面要提到的海马结构，以及其他一些大脑结构合作，通过联想的方式泛化恐惧、焦虑等不良情绪，甚至在有些人身上发展成了严重的精神疾病。

第一章 冰山

此外，如果杏仁核兴奋不止还会使人们失去理智。请读者回忆一下人类曾经因为恐惧做出的那些可怕的事情。在"野蛮社会"，恐惧常常使人们相互猜疑，为了自保而互相残杀；在现今社会，这种本能仍在延续，只不过是在某种程度上更换了一种容貌。还有一些人或者小集团为了某种目的或者个人利益，在人群中大肆传播恐惧情绪，蓄意引发骚乱和丧失理智的动乱。杏仁核使我们几乎人人先天对不良情绪易感。不过，好在大脑中也存在"理性执行官"，它是前额叶。前额叶能发出指令抑制杏仁核的过度活动，缓冲不良情绪带给我们的冲击，抑制不适当的本能和冲动。一些神经功能良好或者经过自我训练的人，他们的前额叶发达，总是会及时发出信号反馈性地抑制杏仁核的过度兴奋，降低不良情绪活动的强度。这给我们提供了可以静下来，好好思考的土壤。

另一方面，那些因脑外伤或者脑内疾病导致前额叶损毁的人情绪极不稳定。他们无法自控，不能理性应对生活赋予他们的一切。这不仅让他们自己处于混乱当中，还给他们周围的人带来许多困扰；在脑发育中，前额叶未发育成熟，或者因为一些内、外部的因素导致前额叶发育不良，会使一些小孩子情绪波动大、过于冲动和不能集中注意力；还有那些前额叶萎缩的老年人，随着年龄的增大，他们会因为越来越无法自控的坏脾气给自己和家人带来困扰。

一些负性情绪，比如，对实际上会威胁到生存的情境感到恐惧，对侵犯感到愤怒，对陷入困难处境感到悲伤等是伴随杏仁核先天就具有的，它对我们的生存十分必要；而另一些负性情绪，如羞耻、内疚、嫉妒等具有社会性意义，它们是由杏仁核参与的联想引发的。这些负性情绪不但会让我们陷入痛苦与绝望，阻碍我们快乐的生活，还会束缚我们的手脚，限制我们的进步和发展。

海 马

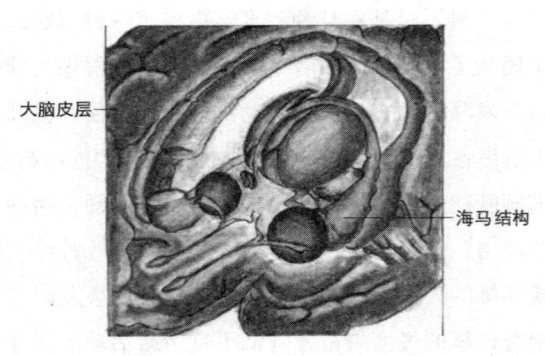

大脑皮层

海马结构

图1-4 海马结构（大脑内侧面"零件"简图，除海马结构外的大部分"零件"已略去）。

图1-4所示的深色弯月形结构的膨大的尾部就是海马，海马与我们的学习和记忆密切相关。我们能够记住的所有信息，比如，书本上的知识，生活中的经验，以及对一些不良社会情绪的习得都要归功于海马。至今，你可能仍然记得数学中的九九法则，记得一些唐诗、宋词，以及它们的作者，记得某一天你因为说谎被你的妈妈用扫帚疙瘩重重地拍了屁股，倍受委屈、愤愤不平……在它们发生的那天起，这些深刻的事件就通过海马，被储存到了你的额叶皮层等处。不仅如此，我们提取过去的记忆对当下生活中的事件进行分析、推理、计算与决策等活动的中转站也在海马。海马既是连接过去的经验与当下情境的桥梁，也是处理器。海马失去功能不仅会使我们的脑中无法形成新的记忆，过去的记忆也如同被锁进了密码被遗忘的密码箱，永远无法提取出来。这就使我们的经验失去了意义。想象一下九九法则"$9 \times 9=81$"被储藏进了打不开的密码箱中，我们

第一章　冰山

如何能很快计算出"9×9+9=?"就知道了。

海马受到外伤破坏或者因老化萎缩的人会记不住每日生活中发生的各种事件，无法产生新的学习和记忆，最典型的例子就是阿尔茨海默病。阿尔茨海默病患者的海马体进行性萎缩，他们不但记不住每天发生了什么，过去的记忆也被"锁住了"。因此，他们无法使用经验为当下做决策，甚至还会逐渐遗忘自己的亲人、朋友及周围的一切。海马对人类生存的意义非常重大，它也被发现是人脑中目前可以再生的部分。科学家们还在海马区域中发现了脑源性神经营养因子（brain-derived neurotrophic factor，BDNF），它们在海马内神经元突触的形成和神经新生过程中发挥重要的作用。

许多研究发现，长期生活在不良情绪中的人是阿尔茨海默病的高危人群。抑郁症患者海马体的进行性萎缩与长期不良情绪导致大脑内的天然环境发生了变化有很大关系，营养因子（如脑源性神经营养因子）减少，毒性物质（如皮质醇）增多，抑制了海马细胞的再生，导致了海马体的过早萎缩。

艾德今年53岁了，他曾经是一位成功的商人，和家人住在一栋别墅中。他前些阵子被诊断出患有阿尔茨海默病，每天像个孩子一样，喜欢寻开心，却记不住现实生活中每日发生的一些事件。他给他的家人带来了很多困扰，全家人都得围着艾德转，不然他就会发脾气。艾德早年的生活十分不如意，他的父母离异，他跟着母亲生活。家庭生活的不良氛围让艾德的脾气很暴躁。他对周围的人也很疏离，很少与妻子和孩子沟通，甚至常常忽视他们。艾德的妻子曾经因此患上焦虑症。艾德的两个孩子情绪也很糟糕。其中一个经常以死来威胁艾德，跟艾德要钱；另一个十分善良但是内心矛盾重重，痛苦不堪，常常用伤害自己来获得平静。

艾德是一位商场赢家。但是，他的情感世界十分地贫乏。而且，他不幸在英年就患上了阿尔茨海默病。事实上，艾德这样的情形并不是特例。曾经有一项关于阿尔茨海默病的研究，研究者让一座修道院的修女们书写自传。之后，他们阅读并保留了这些自传。在接下来的数十年中，研究者对这座修道院的修女们进行了跟踪性的随访。在随访中他们发现，那些自传内容写得十分丰富，并且情感表达深刻的修女们的平均寿命达到80岁以上。而且，她们当中没有一位患上阿尔茨海默病；那些自传内容写得十分贫乏，情感表露浅薄的修女们基本上都患上了阿尔茨海默病，有些得病的年龄与艾德一样早。

随着脑科学和认知神经科学的发展，世界各地的科学家们发现了越来越多的证据支持了中国古人常说的"用进废退"的智慧。它表现在大脑的可塑性上。因此，科学家们也开发出了一些大脑训练程序，帮助老人们提早训练大脑，预防阿尔茨海默病。

（2）大脑的微观结构

大脑的微观结构主要包括神经细胞，俗称"脑细胞"，和一些化学物质，如神经递质、激素、营养因子等。我执意要在这本书中向非神经科学专业的读者朋友们介绍大脑的微观结构是因为，了解这部分内容对于理解我们如何通过学习塑造自己和生活十分必要。首先，我还是先请读者朋友们看一下大脑的微观结构图，即，神经细胞的解剖图（图1-5A、图1-5B）。图1-5A中大的圆形部分就是大脑中的一个神经细胞的结构。我们可以看到，在一个神经细胞上有许多的突起。其中，有短突起和长突起。一个神经细胞通常有许多短突起，叫作树突；和一个长突起，叫作轴突。轴突的作用是将位置上相隔比较远的两个神经细胞联结起来（如图1-6A）。这样，无论距

第一章 冰山

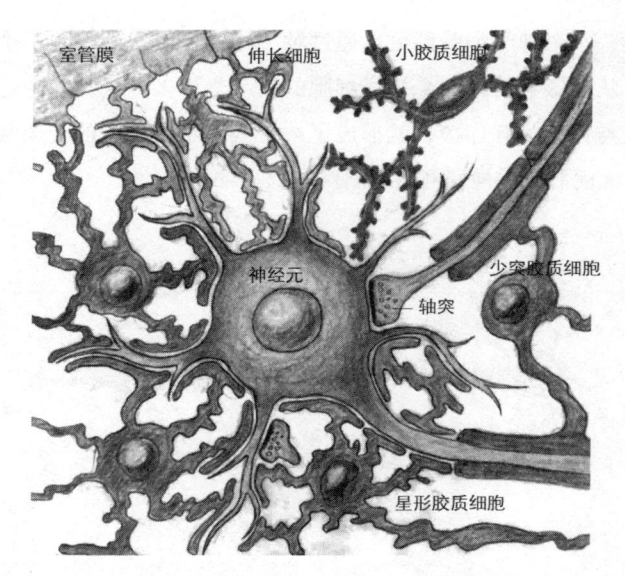

图1-5A 显微镜下大脑皮层组织中神经细胞的结构图；图中大的圆形部分是一个神经细胞的结构，包括许多短的树突和一个长的轴突，其他部分代表的是大脑皮层中对神经元提供支持和营养等的各种细胞和结构。

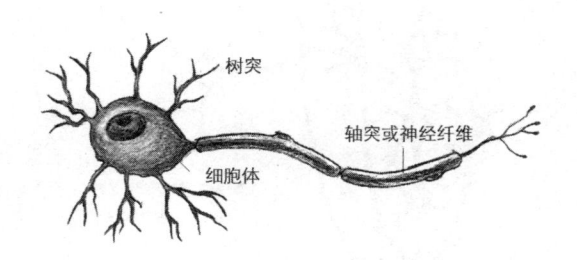

图1-5B 大脑皮层中一个神经元的基本结构；一个神经元主要包括细胞体、树突和轴突。

离远近，一个神经细胞都可以通过轴突将信息传递到另外一个神经细胞，从而影响另外一个神经细胞的活动。许多神经细胞通过它们的轴突与树突相互连接，就形成了一个类似于城市内的交通网络一样的巨大而复杂的神经网络（图1-6B1、1-6B2）。

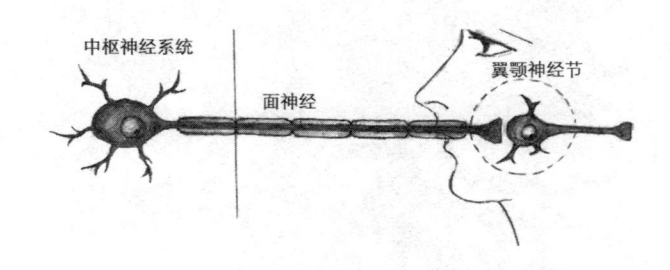

图1-6A　神经元通过轴突与另一个神经元接触传递信号。这个图选取的是面神经传导通路中距离较远的两个神经元通过轴突—树突接触传递信号。

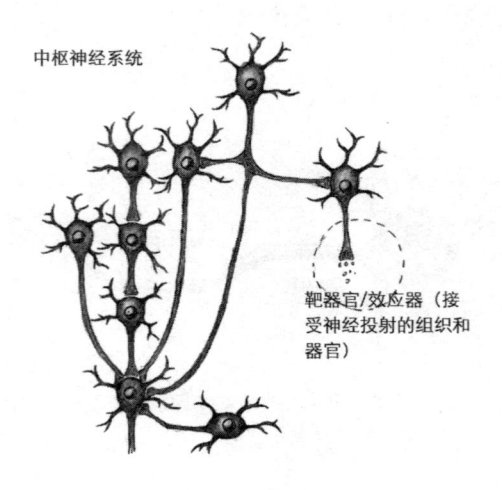

图1-6B1　多个神经元的轴突—树突相互联结形成的神经网络简图。

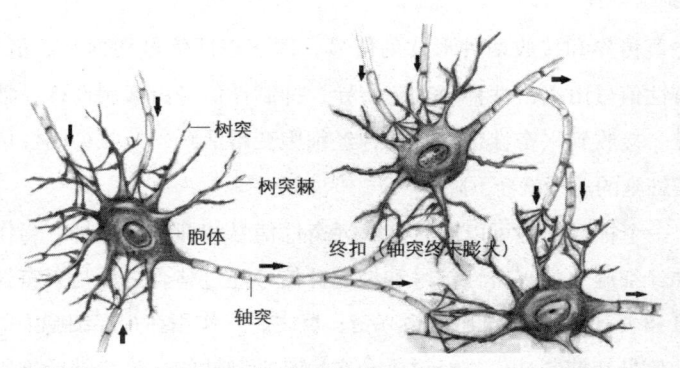

图1-6B2 多个神经元的轴突—树突相互联结形成的神经网络三维模型图。箭头代表信号传导的方向。

通常情况下，神经细胞用它的树突接收从其他神经细胞的轴突传递过来的信息，在另一些情况下树突—树突之间或者轴突—轴突之间也可以相互联结传递信号。神经细胞上有许多树突，每个树突都能同时接收多个轴突传导的信号（如图1-7）。大体说来，神经细

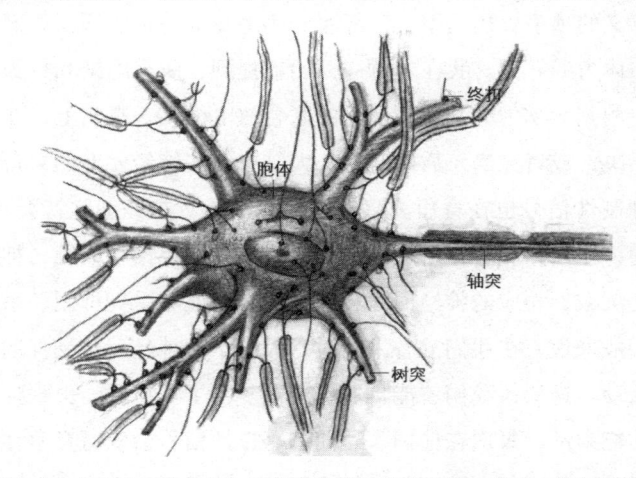

图1-7 作用在一个神经细胞体上的多个轴突末端示意图；我们看到一个神经细胞的树突上有多个神经细胞的轴突（图中用黑色小球表示），这说明一个神经细胞可以同时接受来自多个神经细胞传递的信号，这个神经细胞的最终活性取决于所有信号整合后的结果。

胞主要传导和接收两种形式的信号，即兴奋性信号和抑制性信号。兴奋性信号由兴奋性神经轴突传导，抑制性信号由抑制性神经轴突传导。接收到兴奋性信号会使神经细胞变得活跃，接收抑制性信号神经细胞的活动就会下降。

一个神经细胞可以同时接收兴奋性信号和抑制性信号。当作用在神经细胞上的兴奋性信号和抑制性信号经过整合之后是兴奋性的（图1-8），这个神经细胞就会兴奋；反之，当作用在神经细胞上的兴奋性信号和抑制性信号经过整合之后是抑制性的，这个神经细胞就会停止活动。

通过兴奋性信号和抑制性信号在神经细胞上整合后的相对活性来影响这个神经细胞的最终活性，这种机制又可以被理解为是一种信号的竞争（如图1-8）。大脑中发生着的这些竞争事件使我们可能在午夜12点时还在决定是继续工作，或者兴奋不止地反复思考一些毫无意义的琐事，还是踏实、舒服美美地睡上一个能帮助我们恢复精力和体力的好觉。我在本章一开始就提到，所有思维和行为活动都能追溯到大脑中的某些神经元的联合放电模式。事实上，在我们犹豫不决，或者充满矛盾的时候，大脑中某些神经元上的兴奋性信号和抑制性信号也在竞争。兴奋性信号取胜，神经细胞就会兴奋，相应的神经回路和所在的脑区也会兴奋；抑制性信号取胜，神经细胞就会沉寂，相应的神经回路和所在的脑区就会受到抑制。举个例子，一般来说，在我们准备入睡时，大脑中的神经元接受抑制信号停止活动。这样，我们就能自然地进入梦乡了。但是，失眠症患者的脑功能紊乱，每次在他们入睡前，兴奋性信号会取得竞争性的胜利。于是，他们的大脑就无法停止活动，脑子里面会一团乱麻，各种琐事接连不断，使他们始终处于醒觉中。神经兴奋/抑制的竞争性失调会使脑功能紊乱，引起各类精神心理疾病。

第一章 冰山

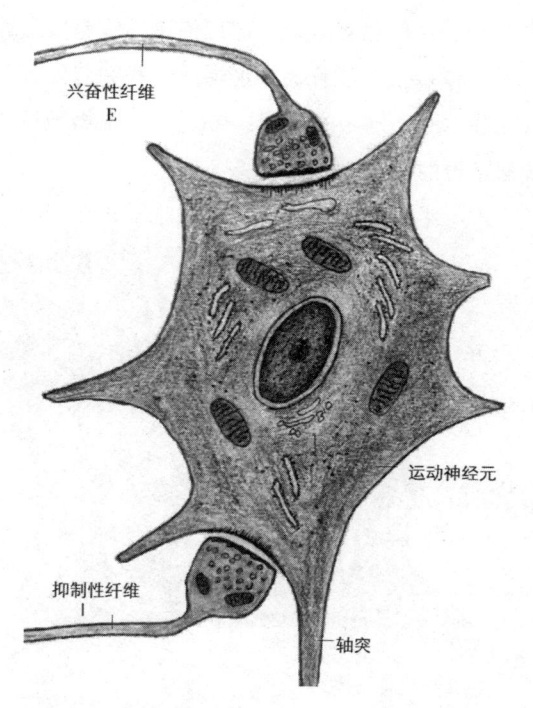

图1-8 兴奋性信号和抑制性信号在一个神经细胞上的信号整合；这个神经细胞（图中选取的是一个运动神经元）最终是产生兴奋性神经冲动，还是受到抑制停止活动取决于作用在它上面的所有兴奋性纤维和所有抑制性纤维的相对活性。举个例子，如果我们在家里端起一杯热咖啡的时候被从杯子里溅出来的热咖啡烫到手，可能会反射性地将咖啡杯扔到地上，不去管它是不是会在我们的面前摔成碎片。这个时候，作用在图中运动神经元上的兴奋性纤维的相对活性要比抑制性纤维的相对活性大，因此就使我们产生了自我保护性的、反射性的回避动作；如果一位餐厅服务员端着一个装满滚烫的浓汤的热锅在给客人上菜的时候不小心被从汤锅里飞溅出来的热浓汤烫到手，他则不会把汤锅扔到地上，而是会暂时忍耐疼痛。这个时候，作用在运动神经元上的抑制性纤维的相对活性更大，因此不会使我们产生自我保护性的、反射性的回避动作。这就是兴奋性信号和抑制性信号在同一个神经元上的信号"竞争"，传递两种不同信号的神经纤维显然来自不同的脑区。

信息在神经细胞突触相互接触的部位传递,传递信息的是一些化学物质,这些化学物质又被称为神经递质。我们首先看一下传递信息的部位(如图1-9A、1-9B)。图1-9A是电子显微镜下的一个神经元轴—树突触部位的微观结构图。

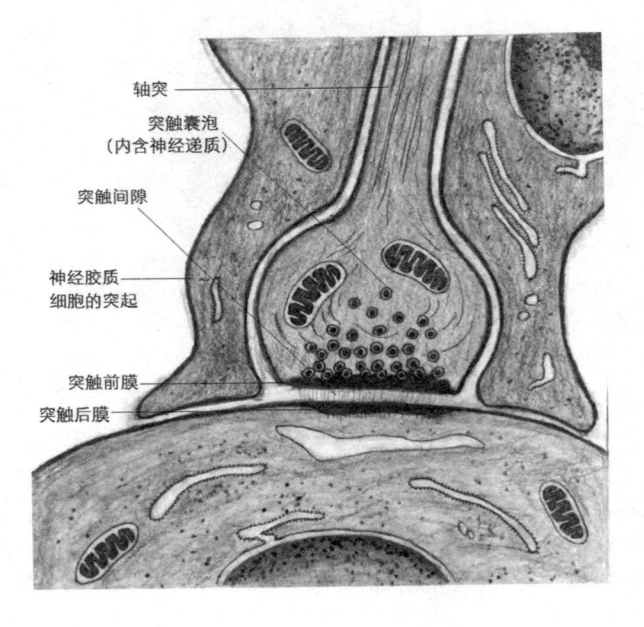

图1-9A 轴突终末膨大、神经递质囊泡(聚成簇的圆形结构)、神经递质(囊泡内的物质)和受体(位于突触后膜上)。我们看到神经元和神经纤维内部的结构精微复杂。

我们看到神经细胞轴突的终末端会膨大,里面含有许多囊泡。每个囊泡中都含有丰富的化学物质,它们就是在神经细胞之间传递信息的神经递质。

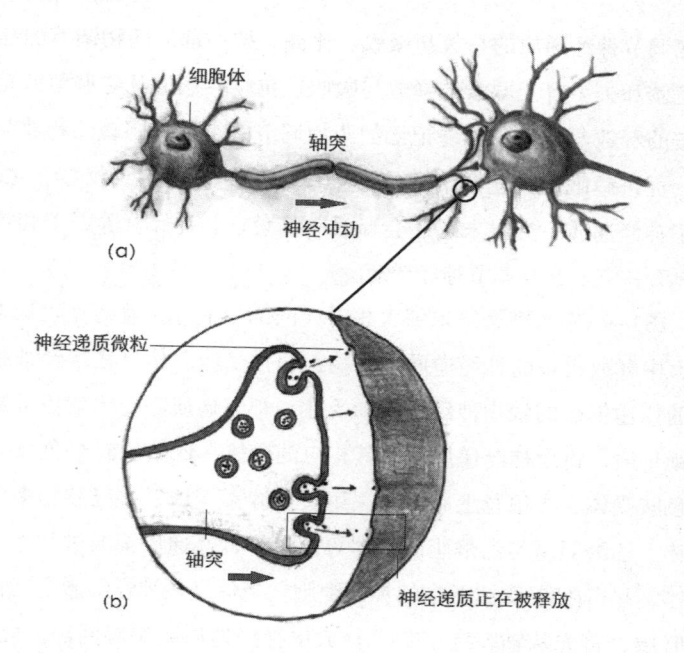

图1-9B （a）一个神经元轴突末端与另一个神经元树突之间的神经突触联系；（b）被放大了的一个神经元轴突末端与另一个神经元树突之间突触间隙的结构，此时，前一个神经元处于活跃当中，正在释放神经递质。

大脑中的神经递质主要有兴奋性神经元的突触末端释放的兴奋性神经递质谷氨酸，抑制性神经元的突触末端释放的抑制性神经递质γ-氨基丁酸及其他重要的神经递质，如5-羟色胺（5-HT）、多巴胺（DA）、去甲肾上腺素（NA）、乙酰胆碱（Ach）、类吗啡物质β-内啡肽、内源性大麻素等。这些神经递质调节大脑的醒觉状态、情绪、注意力、睡眠和学习记忆等，几乎所有的大脑活动都依赖于神经递质。大脑功能出现异常，神经兴奋/抑制失调，通常就是指神经递质的释放和吸收异常。事实上，大部分调节脑功能紊乱的药物都是在调节神经递质的释放与吸收。比如，抗抑郁的药物调节的是5-羟色胺和去甲肾上腺素的释放与吸收，抗精神病的药物调节的是多巴胺的释放与吸收，改善记忆的药物调节的是乙酰胆碱的释放与吸收，促进睡眠的药物调节的是γ-氨基丁酸的释放与吸收等。此外，除了神经递质，突触末端还会释放一些激素、神经营养因子和神经调制等，它们参与调节神经活动。

图1-9A中与突触终末膨大相对应的部位上存在着能吸收从终末膨大中释放出来的神经递质的结构，叫作受体。信息在神经细胞之间的传递依靠的就是神经递质和受体。神经递质和受体就仿佛钥匙与锁一般，每个神经递质都有其相应的受体。比如，5-羟色胺与5-羟色胺受体、去甲肾上腺素与去甲肾上腺素受体、多巴胺与多巴胺受体、乙酰胆碱与乙酰胆碱受体等。每个神经递质都通过其相应的受体，兴奋/抑制受体所在的神经细胞。当信息在神经细胞之间传递的时候，首先从轴突终末膨大释放出神经递质到突触间隙。之后，神经递质扩散到受体处，受体所在细胞的兴奋性在受体吸收了从终末膨大中释放出的神经递质之后就会发生变化。如果吸收的是谷氨酸，那么这个神经细胞就会兴奋。反之，如果受体细胞吸收的是γ-氨基丁酸，这个细胞就会停止活动。

通常情况下，大脑中神经递质的释放与吸收在某些因素的调控下保持动态平衡。这些因素包括一些物理因素如光照、潮汐、日月运行、气候的变化等；一些心理社会因素，如人格、气质类型、对压力的反应等；还有我们身体内环境中的一些因素，如体内温度、激素、体液中的小分子物质、氧浓度、pH值等。如果这些调控因素出现异常变化，大脑中神经递质的释放和吸收就会出现异常，影响大脑的兴奋/抑制活动（图1-10）。同时，大脑的兴奋/抑制活动也会反馈性地影响这些调控因素。比如，大脑过度兴奋引发的长期失眠

第一章 冰山

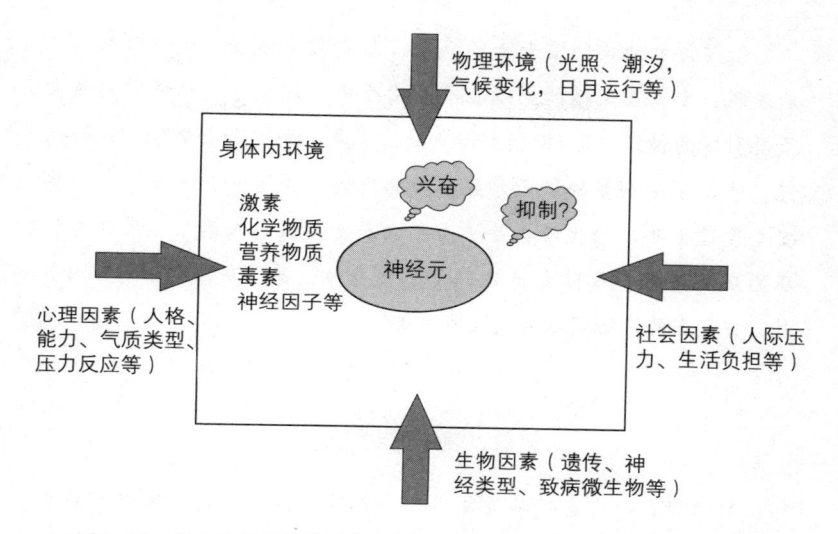

图1-10 影响神经平衡的因素；我们看到生物—心理—社会中的压力事件长期存在就会导致机体的内环境发生变化，比如体液中的激素水平，营养物质和毒物水平，一些小分子物质和神经因子的水平等，然后通过体液和神经传导影响大脑中的神经元轴突末端神经递质的释放水平，引起神经元兴奋性变化。

会引起多种类型的身体异常，如血压升高、心脏负荷增加、新陈代谢紊乱累积代谢废物产生毒素等。请看下面两个例子：

更年期情绪失调

玄女士来找我的时候正处于更年期，她的情绪十分不好，几乎没有什么事情能让她高兴起来。玄女士在进入更年期之前是一个十分开朗和外向的人。她周围的亲朋几乎没有人相信玄女士会患上抑郁症，也没有什么人能理解玄女士怎么会突然出现这样大的变化。于是，玄女士只好求助于医生。

经过详细地询问玄女士的病史、必要的身体检查和心理测试之后发现，玄女士的情绪问题主要是由于更年期身体内环境中的激素紊乱引发的神经兴奋/抑制失衡所致，于是，向玄女士解释了她的病况，开具了小剂量的调节神经递质的药物，并给玄女士提供了一些安全度过更年期的生活指导。由于玄女士病前的人格、气质类型和压力反应适当，人际支持良好，总体身体健康状况良好，不到3个月，玄女士的情绪问题就大大地改善了。

肺炎后失眠

刘姥姥在一次急性肺炎之后就再也睡不着觉了，那次肺炎简直把刘姥姥吓坏了。她突然不能呼吸，感到自己要窒息了，之后她被救护车送到医院，经过急诊之后被送入了呼吸科的病房。在住院的那几天里她几乎就没怎么合眼，医生护士在身边走来走去，拔吊瓶，扎吊瓶，旁边的病友和看护的家属们发出的各种声音也让她无法入睡……刘姥姥出院回到家里之后就失眠了。刘姥姥的失眠一方面是由于突发呼吸困难引起的恐惧使杏仁核过度兴奋，导致神经兴奋/抑制失调，引起体内环境紊乱，激素水平异常，如皮质醇升高，其他一些小分子物质的水平也出现异常；另一方面，是由于住院期间不良的病房睡眠环境引发了体内生物钟紊乱，于是，向刘姥姥简单解释了她的病况，给刘姥姥开具了调节神经递质的药物和助眠的药物，并对刘姥姥病后恢复正常生活和睡眠提供了一些指导性的建议，刘姥姥的睡眠情况也很快就改善了。

2. 大脑的功能

大脑的功能有哪些呢？我在前面介绍过在大脑中有许多功能分区，每个分区都尽忠于自己的优势功能。比如，我们能看见、能听见，能品尝到味道，嗅到气味，还能感知到冷暖等；我们能学习和记忆，并且，能将这类活动持续终生；我们还能抒发情感和执行各种动作等。而且，我们已经大概了解哪些脑区在负责这些功能。这些区域中的任何部位受到损伤，都会使我们短暂的或长久丧失一些能力。在这一部分我将给读者朋友们介绍大脑的感觉功能与感觉统合，大脑的其他功能将在"大脑的学习与大脑可塑性"中介绍。

（1）视觉与大脑

我们通常认为我们用眼睛去看见。眼球是接收光信号的器官，在它上面有许多光感受器。当这些光感受器接收到光线刺激时，就会通过与其相连的神经细胞，将光信号转变成电信号传递到大脑的视觉皮层进行加工（如图1-11A）——先在初级视觉皮层进行初级加工，之后，再进入视觉联合皮层进行高级加工。当说"我看见"的时候，我们指的是看见了目标物体的形状、颜色、质地、大小，距离我们的远近，是否在运动，以及运动的方向等。事实上，这些并不是眼睛看见的，与目标物体相关的所有碎片化的信号特征在视觉皮层中被加工之后才能作为一个整体被我们看见。也就是说，视觉皮层和视觉感光器官（眼球）合作完成了这项让我们"看见"的工作。如果视觉皮层受到损伤，如外伤、肿瘤，或者梗死，即使双眼没问题，我们也会看不见。这是因为受到损伤的视觉皮层无法加工双眼接收的信号了；如果双眼发生损伤，如视网膜病变，那我们就会因为无法接收到光信号而看不见。

如果把视觉系统比作一个大公司，那么，眼球就是公司的前台，视觉皮层就是后台。前台和后台紧密协作使公司的"看见"业务顺利运行。若是哪一天前台员工因为对薪资不满，或者其他原因全部罢工，那么只剩下后台的公司要怎么办呢？或者这个公司的后台解散了，只剩下前台员工，它又如何生存呢？请读者继续往下阅读，下一部分结束时我们再次讨论这个话题。

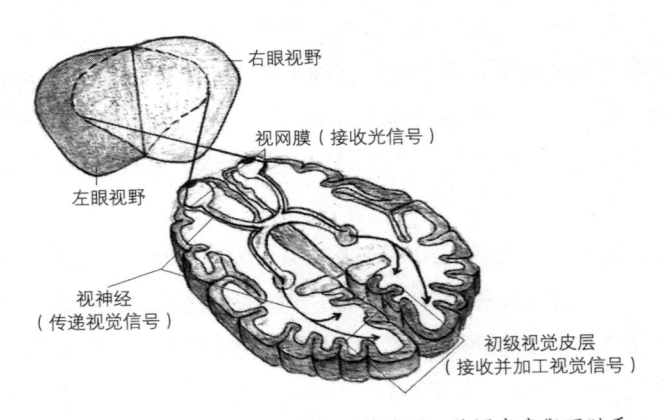

图1-11A 初级视觉通路的大脑切面简略图；从图中我们可以看到，左右眼视野接收到的光信号通过眼球当中与光感受器（位于视网膜上）相连的视神经逐级传递到位于枕叶的初级视觉皮层进行加工，使我们最终能够"看见"（注：视神经交叉部分已省略）。

视觉皮层在婴儿出生后继续发育，婴儿周围环境中有丰富的视觉刺激就会有助于视觉皮层的发育，而贫乏和受限的视觉刺激会妨碍视觉皮层的发育。曾经有一个实验，实验者给一些小猫戴上使视觉能力受限制的遮光镜，使小猫们只能看到垂直线。当这些小猫长大后，即使拿掉了遮光镜，它们也看不到水平的线条，尽管它们看垂直线的能力是正常的。值得一提的是，不仅是视觉系统，很多科学研究发现，婴儿的感觉经历影响它们大脑中神经元的大小，也影响各个脑区神经元之间的联结。那些在丰富环境中被抚养起来的婴

第一章　冰山

儿的大脑结构和重量都与在受到严重限制的环境中抚养起来的婴儿的大脑结构和重量完全不同。

（2）听觉与大脑

我在"视觉与大脑"中介绍了我们可以"看见"不仅仅是因为我们拥有接受光信号的感觉器官。感觉器官不过是我们认识世界，认识自己的前台。我们还拥有加工感觉信息的后台——大脑皮层。当我们看的时候，视觉皮层和双眼各司其职。同样，当我们听的时候，双耳和听觉皮层也是缺一不可。听觉信息的加工主要在位于颞叶的初级听觉皮层和听觉联合皮层。与视觉系统的工作模式相似，双耳内的听觉感受器接收到的声波信号在与它相连的神经细胞内转换成电信号后被送到初级听觉皮层和听觉联合皮层进行加工（如图1-11B）。之后，我们才有了对声信号的完整知觉，如音高、音色、声源的位置、声源的特性、音乐知觉等。同样，听觉系统也是在我们出生后才开始发育的。而且，会随着后天是否进行专业训练有着不同的发育水平，在那些受过专业音乐训练的人脑中，与音乐知觉相关的大脑皮层更加致密，其中的神经回路更加复杂。

（a）声音转化为电信号　　　　　（b）听

信号到达初级听觉皮层

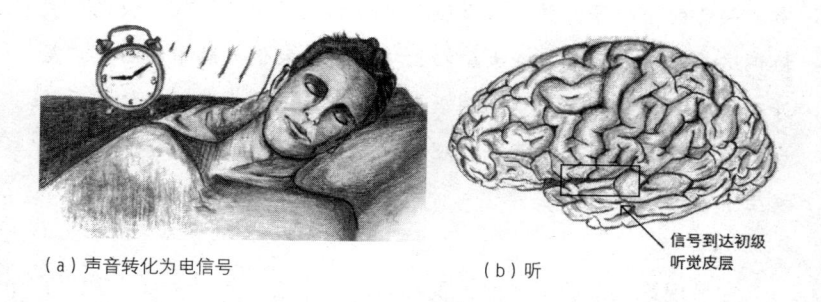

图1-11B　听觉系统；听觉系统包括双耳和听觉皮层，听觉皮层位于大脑皮层的颞叶（图中用黑色斜线标注），(a)双耳中的声音感受器将声音信号转化为电信号，(b)之后通过一个个神经联结将电信号逐级传递到听觉信号加工区——听觉皮层进行加工。

现在，我们可以思考之前的问题，即，如果视觉公司的前台罢工了，而前台劳动力市场又特别紧缺，只剩下后台该怎么办？我的专业显然不是管理，而且，我对管理也没有任何经验。提出这个问题在于任何公司遇到这类关乎存亡的境况都会想办法生存，这与突然间双目失明带给人的冲击完全一样。我在工作中曾经遇到过一些生命和生活遭受重创的人，这些人对美好生活的向往在遭受重创的那一刻被击得粉碎。但是，有些人不放弃自己，仍旧乐观、努力地生活，他们让我看到了生命的奇迹；另一些人却选择了消极厌世，活得一天不如一天，折磨自己，也折磨身边的人。事实上，很多人不知道人类所具有的潜能，这限制了他们在遭遇困境的时候可以采用的态度，我提供两个例子来说明：

失聪的舞者

现在失聪的舞者已经不是什么稀罕的事情了。这些失聪的舞者在舞动的时候，大脑接收并加工声音之外的其他方式的刺激，如节奏、领舞的手势等，并通过大脑各部位脑区神经元的联合放电模式协调这些刺激和动作。在大脑扫描中发现，他们大脑中的听觉皮层开始处理来自感觉和视觉的刺激信号，也就是说，某公司的听觉前台解散了，听觉后台就开始处理视觉前台和感觉前台的信息，大脑发生了重塑。

在呈现第二个例子之前，我要向读者介绍一下，在双耳中除了有接收声波信号的听觉感受器之外，还有一个叫作"前庭系统"的感受平衡的感受器。来自前庭感受器的信息主要被传递到脑干、小脑和脊髓，这些部位对来自前庭感受器的信息进行加工使我们能够

第一章　冰山

知觉到身体的位置和方向，保持身体平衡。

利用大脑可塑性重获平衡感

曾经有一位美国的女士在子宫切除术后发生了感染，医生们给她使用了庆大霉素。这种抗生素剂量过大就会破坏内耳的结构，结果这位女士的内耳受到了永久性的伤害，位于内耳中的前庭感受器半规管失去了功能，使这位女士无法平衡了。她无法站立，只要动一下自己的头部就会摔倒，整个世界天旋地转。为了站起来，她不得不使出浑身解数，时刻保持高度的警觉，她不得不使用几乎所有的大脑能量来保持站立，以至于很难再顾及其他事情了。

一位美国的医生发明了一种可以帮助她恢复平衡的仪器。医生把一个小型的传感器放在这位女士的舌头上，通过舌头向大脑传送平衡信息，而之前这些信息是从内耳向大脑传递的。之后，这位女士在这个仪器的帮助下重塑和重建大脑中的平衡回路。经过一段时间的训练之后，这位女士就可以逐渐不借助这个仪器长时间自主行动了。不仅如此，她还可以学习跳华尔兹。

（3）嗅觉与大脑

我们嗅觉的感觉器官是鼻子。在我们的鼻子当中有一些接收气味刺激的感受器。一些神经细胞与这些嗅觉感受器相连，负责传递信息。嗅觉皮层不像之前提到的视、听觉皮层，有明确的初级加工皮层和高级联合皮层。此外，从嗅觉感受器接收的信号传递到嗅觉皮层之后，还会与脑的其他结构，比如，杏仁核、海马等在内的神经元联结。

（4）味觉与大脑

感受味道刺激的感受器分布在我们的舌头上，这些味觉感受器通过与其相连的神经细胞，将味道的信息传递到加工它们的味觉皮层。味觉皮层与嗅觉皮层一样，也没有明确的高级联合加工区。此外，味觉皮层不仅仅能加工来自味觉感受器传递的味道信息，还能加工其他形式的，诸如热的、化学的及伤害性的（如疼痛）刺激。这可能与舌头上分布着多种感受器有关。

（5）躯体感觉与大脑

躯体感觉是我们对自己的感觉，它能使我们意识到身体的表面和内部正在发生着什么。躯体感觉是我们了解自己的重要途径，但是，在许多情况下，它却是最容易被我们忽视的感觉。稍加注意一下我们的日常生活就知道了，我们经常马不停蹄地应付各种人际关系，处理各种好像总也忙不完的事务，照顾一大家子的人等。在这样的生活中，躯体就如同牲口一般不停地供我们驱策，不受礼遇还被反复抽打。即使在它精疲力竭的时候，也同样得不到应有的关怀。请你想一想，你有多久没有照顾自己的身体了？你有没有好好睡觉以恢复元气？有没有摄入足够的营养给身体补充能量？你有没有听听胃部不适想要传达给你什么？有没有停下手头的工作去看看是什么让你的心一直在发慌？你可能发现小肚子上的赘肉越来越多，肌肉开始松弛；你的头发不停脱落，脸部皮肤变得粗糙，并且油脂分泌增多；你的睡眠质量在变差，脾气也变得越来越坏、难以控制……你的身体正在告诉你它已经不堪重负了。但是，你注意到了吗？你是不是打算蒙蔽双眼不去管它，任由它去？还是打算停下匆忙的脚步去问一问自己哪里出了问题呢？现在，让我们来做一个小游戏，你可以列出在你的生活中对你来说比较重要的一些元素。比如，金钱、工作、友情、爱情、健康、亲情等，然后一个一个地把与其他元素相比不那么重要的元素划掉，看看你会在哪个环节把健康划掉。这说明你很可能会为了剩下的那些元素放弃你的健康。我们在生活中常常不得不面临这样的两难选择。不过，请不要把它当作是一个零和博弈的游戏。我们的确需要在生活中寻求平衡，我们既不会选择年纪轻轻就把自己活成了"乌龟"，也绝不会任由快餐文化恣意践踏我们的身体。所以，我们需要开始认识和关注躯体感觉，并学会照顾躯体感觉。

躯体感觉主要有四种，即，皮肤感觉、本体感觉、肌肉运动知觉和器官感觉。皮肤感觉指的是触觉和痛温觉，本体感觉和肌肉运动知觉是感知我们的身体位置和运动方式，器官感觉是能够感觉到我们身体的内部脏器出现了异状。在皮肤、肌肉和内脏器官上分布着许许多多的感受器，它们分别接收不同性质的信号刺激。比如，各种冷、热感受器接收冷、热信号的刺激，痛觉感受器接收各种形式的伤害刺激，还有探测抚摸、按压等感觉的神经末梢等。这些感受器通过与其相连的神经细胞把躯体感觉信息转换成电信号传递到大脑中的初级躯体感觉皮层、躯体感觉联合皮层，以及岛叶进行加工，于是，我们就能够感受到自己。

躯体感觉与情绪密切相关，它们常常相伴出现，或者互为因果。世界上许多知名的生理心理学家认为情绪属于我们体内平衡调节的一部分，是我们的大脑对通过神经信号或者体液内的化学物质传递到大脑中的，在我们身体内环境中发生着的不平衡的生理信号的反映。比如，我们感到悲伤可能仅仅是因为饥饿所引起的体内动力学上的变化导致的。我十分认同这个说法，对此，我会在本章第二节中更多介绍。基于这个原理，我在帮助求助者改善情绪的心理治疗上常常会辅助使用一些有助于改善生理—心理体验的方法。而且，值得一提的是，它们十分有效。这属于一种自下而上的学习，读者朋友们马上就要读到这部分了。

（6）感觉统合

感觉统合是指大脑将来自身体和周围环境中的感觉信号进行加工和组织，使我们能够对特定的情况和环境做出适当的反应。感觉统合中涉及的感觉包括视、听、触、味、嗅觉，前庭觉和本体感觉，这些我在前面已经介绍过。大脑的感觉统合功能是我们进行任何学习的基础，感觉统合失调不仅会使我们行为不适当，还会影响我们的正常学习。举个例子，想象一下你正在码头上船。当你把脚踏上甲板的时候船身就开始摇晃起来了。于是，你不得不想办法保持平衡。然后，你慢慢地走进船舱，找了个位置稳稳当当地坐下来。这个过程就是感觉统合的过程。这里主要涉及了你的触觉、视觉、本体感觉和前庭觉。感觉统合失调的人无法顺利完成诸如此类的行为协调过程。比如，我们经常听到的手—眼失调等就属于感觉统合失调，这些失调是由大脑中出现的问题所致。

二、大脑的学习和大脑可塑性

1. 大脑的学习

大脑的学习就是神经细胞之间建立联结并形成回路。当婴孩儿们带着遗传基因设定好的"出厂设置"出生时，就像一家部门齐全的新成立的公司一样，它们的大脑已经有基本的分区了。而且，在其中分布着跃跃欲试的神经元和一些简单的神经回路。这些简单的神经回路使小婴孩儿具有了维持生存的基本反应，即反射。它是一种自发性的反应能力。比如，吸吮反射，即口唇碰到乳头就会自动引发吮吸行为；眨眼反射，通过自发地眨眼避免伤害；抓握反

第一章 冰山

射，婴孩儿可以对养育者的亲近行为进行回应以获得更多的生存支持……婴孩儿们依靠这些先天的反射存活下来，并且，在此基础上发展出复杂、高级的神经回路。在高级的神经回路形成之后，一些基本的反射便退居幕后。但是，它们仍然是再学习的基础。比如，临床神经科学家们利用已经退居幕后的反射给偏瘫的患者做康复治疗。在治疗中，他们要求偏瘫患者像婴儿学走路那样重新学习塑造大脑。而且，他们已经探索并发展出了行之有效的治疗方法。比如，美国著名神经心理学家Edward Taub的"限制—诱导"治疗。在"限制—诱导"治疗中，技师们用约束带把偏瘫患者能够使用的肢体约束起来，使它们无法动弹。这样患者们就不得不用他们已经"瘫痪"的肢体去完成日常功能。比如，洗脸、刷牙、梳头、喝水、吃饭、如厕等。他们就像婴儿一样，被自己的需求逼迫去利用反射发展动作，重塑他们被中风损伤的大脑。

"限制—诱导"治疗已经帮助全世界各地许多中风后遗症的患者回到了正常的生活，有些患者甚至返回了工作岗位。一些中风后偏瘫长达40多年的患者也通过这种训练方法成功复健了。如果偏瘫患者对自己有足够的耐心，真的能够像他们一开始学习行走那样去重塑他们的大脑。那么，当奇迹发生时，对大脑可塑性和人类潜能最感到震惊的那个人可能就是他们自己。

婴儿天生就是积极主动的好学者，他们不仅仅吮吸着乳汁，还吮吸着世界带给他们的一切。他们躺在小床上，转动着眼睛和头部观察着周围的一切，竖着耳朵倾听，用皮肤感受，还能够闻到气味，品尝送入口中的食物。不仅仅是食物的味道，还有那些食物的质地，在口中的感觉，他们通过这些来分辨不同的食物。他们对世界充满好奇，只要醒着，他们的大脑就一直在活跃。他们的视、听皮层等不断地发育成熟，使他们发展出了对世界的初步认识。接下来，婴孩儿们不仅仅满足于只是躺在那里被动地学习，它们想要通过变换姿势，自由爬动和行走认识更多。于是，运动皮层也开始发育，并参与到了婴孩儿的认识活动当中。

　　在婴儿出生后直到入小学前，学习是非常随机的。他们还不具有主动性，让他们有意识地选择学习什么，拒绝什么。他们一直好奇，在本能的驱使下不停地探索，渴望认识周遭世界。他们碰到什么，就学习什么，吸收什么。这种随机性学习展现了大脑在发育成熟的过程中的强大可塑性。但是，它也使婴孩儿的未来充满了不确定性。尤其是，当随机性学习牵连到与婴孩儿们有重要关系的养育者，或重要他人时，就可能对命运形成推力。请思考一下，你是如何成为现在的模样，拥有现在的身份？而且，知道你不同于其他的任何一个人？毫无疑问，除了遗传之外，还包括后天的塑造。后天的塑造主要是发生在大脑当中的，塑造的是大脑。在这一部分，读者将会了解到，当学习发生时，我们的大脑中发生着什么。有些东西在我们看不见的地方根深蒂固，即使它们对我们的生活质量产生了不良的影响，也很难去除。因为，它们已经通过学习在我们的大脑中烙下了深深的印痕。

2. 塑造大脑的学习——建立神经回路

　　我们通过学习获得关于周围世界和我们自己的经验，所有这些经验我们都称之为"记忆"，承载这些记忆的就是大脑。我们的学习包括主动学习和被动学习两种类型。当我们拿起一本书，去参加一个培训，或者有意注意某些事物并展开思考的时候，我们就在主动学习了。这里可以做一个小实验：注意到你现在正在主动阅读这本书，你很可能不需要花费任何气力，你认识书上的文字，能够在心里面默读出文字的发音，理解文字的意思，甚至还能在某些地方产生联想。你是如何做到这些的呢？我想，我们可以好好感谢一下当年那个坐在课堂上努力学习认字的我们自己。

在我们带着"出厂设置"出生时，我们的大脑就像一张只有少得可怜的几条土路的地图，在各个脑区之间还没有修建出可以相互往来的路径。这些交通路线是在后天的学习过程中逐渐构建起来的。举个例子，要学习"锤子"这个词，我们不仅要"看到"这个词的形状，"看到"画有锤子的图片，"听到"这个词的发音，"读出"这个词的发音，而且，还要"写出"这个词。在我们经过不断的练习和反复的协调之后能够做到这些的时候，我们的大脑中就"出现"了认识"锤子"的神经回路，即锤子记忆。这个回路联结了视觉皮层、听觉皮层和运动皮层等。于是，通过学习，认识"锤子"这个词的专有神经回路就形成了（图1-12A）。这个"锤子回路"使我们

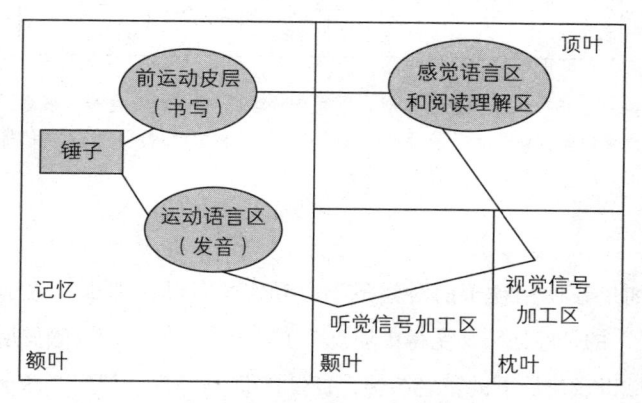

图1-12A 学习"锤子"形成的神经回路1；看、听、发音及书写共同形成的神经回路所涉及的脑区。神经回路形成说明我们可以自动化地协调反应，这说明当我们想到"锤子"这个词的时候，能够自然地联想到它的模样，读出它并且不花费任何力气地写出它。我需要在此处特别说明，这里给读者呈现的只是为了方便读者理解大脑学习的模式图。在我们学习时真实大脑中发生的事件实际上要复杂得多，到目前为止我们对此的了解还只不过是冰山的一角。

手—眼—口—耳协调。此外，有些人在生活中真正地看到了锤子，用到了锤子，甚至去触摸它，感受它的质地、温度和重量。这时关于"锤子"的神经回路就变得复杂起来，除了视觉皮层、听觉皮层、运动皮层之外，还有躯体感觉皮层和一些更高级的皮层也参与到回路当中（图1-12B）。

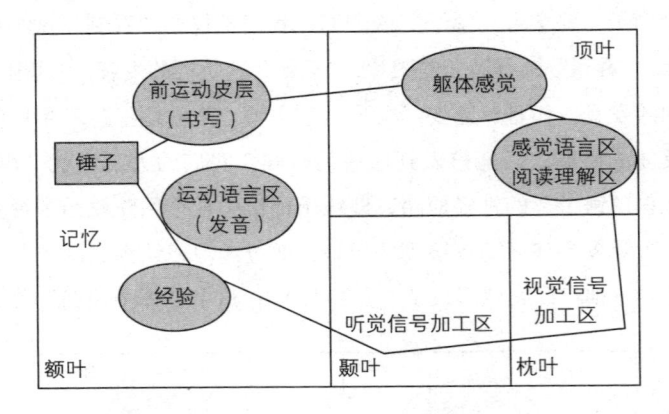

图1-12B 学习"锤子"形成的神经回路2；看、听、发音、书写，感受锤子和使用锤子获得更多的经验，更多前额叶的参与，更多脑区的神经元参与到回路的构建当中。

如果在使用锤子的时候不小心弄伤了自己，那么，这个关于"锤子"的神经回路又变得更加复杂了。整个大脑，即大脑皮层的各个区域以及皮层下的古老结构，杏仁核/海马等都参与到"锤子"回路当中。之后，我们还会学到斧头、电钻、钉子等。并且，我们还要学会根据"相似的用途"这一原则把这些东西和锤子归为一类。这时，关于"锤子"的神经回路又发展了，在一开始简单的感知觉神经回路的基础上发展成具有思维、逻辑、分析以及经验等的高级认知神经回路（图1-12C）。而且，每当我们需要提取知识和经验的

第一章 冰山

时候，联结各个脑区的神经回路就会自动地互通信息，协调反应。在不断地学习和练习中，大脑中联结各个脑区的神经回路便被建构起来并且变得越来越复杂，我们的认识活动也变得越来越协调。

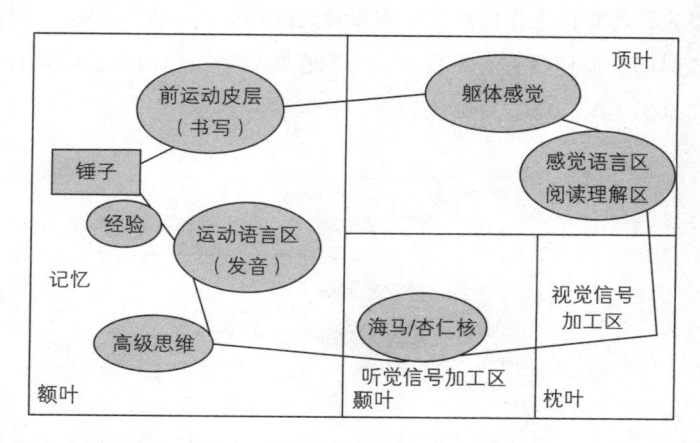

图1-12C　学习"锤子"形成的神经回路3：看、听、发音、书写，感受锤子和使用锤子等，更多的学习获得高级思维能力和更多的经验，更多前额叶的参与，参与构建"锤子"回路的脑区更多。

除了主动学习能够塑造大脑之外，被动学习也参与塑造我们大脑中的神经回路。被动学习的主要方式是"刺激—反应"式学习，我们经常在被动学习中被环境和重要他人塑造着。一个关于被动学习的知名实验就是俄国著名的神经生理学家伊万·彼德罗维奇·巴普洛夫（图1-13）的经典的条件反射实验。这个实验是用小狗做的。因此，也有人称它为"巴普洛夫的狗"

图1-13　伊万·彼德罗维奇·巴普洛夫，1849-1936。

- 035 -

大脑与我们：摆脱绝望，走出怪圈

实验。在实验中，巴普洛夫训练小狗对一个不相关的刺激进行反应，重塑了小狗大脑中的神经回路。现在看一下这个实验：起初，小狗看到食物就会流口水。但是，听到铃铛声却不会流口水（图1-13A）。接下来，巴普洛夫在每次给小狗喂食之前摇铃铛（图1-13B）。经过一段时间，即使没有看见食物，小狗在听到摇铃铛的声音时就开始流口水了（图1-13C）。

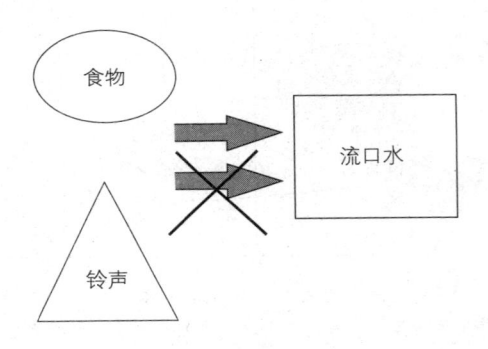

图1-13A　小狗看到食物流口水，听到铃声不会流口水

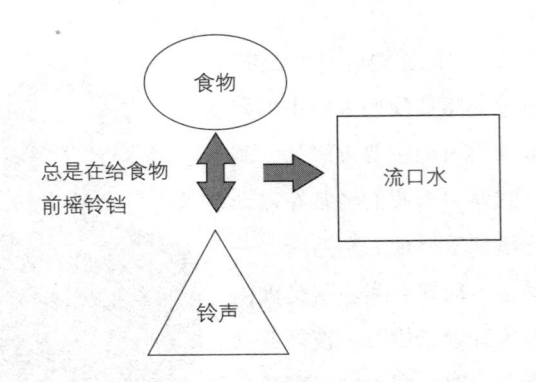

图1-13B　先摇铃，再喂食，小狗看到食物流口水

第一章　冰山

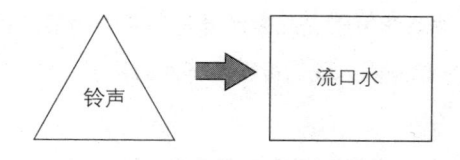

图1-13C　摇铃，小狗流口水

　　神经科学研究已经发现，如果一个刺激引发了一个反应，就说明在大脑中肯定存在支持这个"刺激—反应"过程的神经回路。这也就是说，当实验前不能引起流口水的铃声开始引起流口水的反应时，小狗大脑中的神经回路已经发生变化了。我们看到，通过人为的塑造，一个普遍认为与流口水不相关的刺激引起了流口水的行为。巴普洛夫实验中这类"刺激—反应"式的学习被叫作"经典的条件反射"，即，如果一个原本不相关或者中性的刺激与一个能直接引起行为的刺激总是相伴出现，那么，原本不相关或者中性的刺激就会引起这个行为。

　　刺激—反应学习通过加强大脑中已有的弱神经联结，或者建构新的神经回路塑造我们的精神心理世界和行为，这类学习也被称作联想学习。许多精神心理问题都是通过联想学习产生和发展的。在联想学习之后，普遍意义上的中性刺激引发了各种各样联想式的过度反应。比如，毛发恐惧症的患者害怕动物的毛发，社交焦虑症的患者害怕在公共场所与他人交谈，抑郁症患者对未来感到无望，一些妄想症患者赋予某些情境特定的意义等等。精神心理问题产生之后很难短期治愈。因为，这些患者的大脑已经发生变化了，一些反复引起不适当反应的神经回路通过大脑中的竞争性机制被建立起来，独占了大脑的兴奋区，使脑功能发生紊乱，神经兴奋/抑制失调。

　　长期的不良环境会通过"刺激—反应"式的学习被动地在大脑中建构神经回路。不仅如此，由于人类大脑的高级性及人的社会性，这些一开始由被动学习建立起来的神经回路会被后续的主动性学习强化，变得越来越顽固，我们可以看下面的例子。

终止病态的神经联结

我曾经接待过一位患有恋脚癖的青春期男孩儿，在他很小的时候，有一位女老师当着很多小朋友的面儿拽着他的脚强迫给他脱鞋。这使他感到十分的难看和羞耻。为了充分了解这种癖好是如何萌生和发展的，我经过男孩儿的同意给他使用了催眠回溯。我在催眠回溯当中发现，在这个"幼儿园老师事件"的前后都发生了一些我称之为概率的事件（第二章），这些概率就像串珠子一样串到了男孩儿性心理发展的主线上，最终引发了异常。与这个男孩儿的共同工作使我对命运产生了好奇，我倾注了心血去钻研它，并将有关内容整理后在第二章中呈现给读者。现在，这位男孩儿早已痊愈，并且正在高等学府中为了他的理想努力拼搏。

此外，大部分人的心中怀抱着信念。有些信念带给人资源和力量，有些信念禁锢人们的思想和行为；有些信念是我们基于自己的价值系统主动学习和吸收的，有些信念是被动习得的。这些信念通过各种途径直接或间接影响我们如何决策和行为。我们知道，信念之于我们根深蒂固，这是因为，它不仅仅是一个概念，还通过信念支持系统塑造大脑中的神经回路。信念支持系统是由NLP（神经—语言程序）创始人，美国著名心理学家罗伯特·迪尔茨提出的。它由价值观、内在状态、感官体验和结果预期共同构成（如图1-14A）。我们从图1-14A中看到，用一个信念去指导我们的生活就如同戴上了一副有色眼镜，它会影响我们在真实的生活中看到什么、听到什么

第一章 冰山

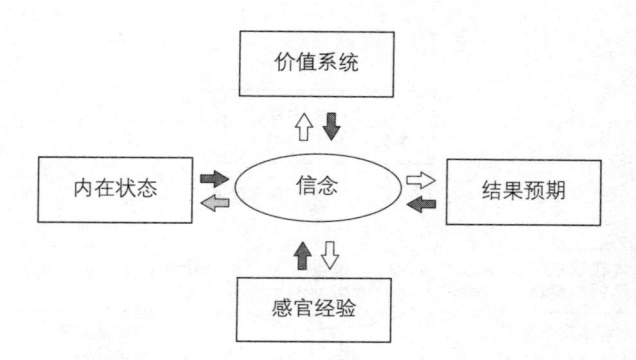

```
        ┌──────────┐
        │  价值系统  │
        └──────────┘
           ⇅
┌──────┐  ┌──────┐  ┌──────┐
│内在状态│⇄ │ 信念 │ ⇄│结果预期│
└──────┘  └──────┘  └──────┘
           ⇅
        ┌──────────┐
        │  感官经验  │
        └──────────┘
```

图1-14A 信念与信念支持系统；请找出你坚持的一个信念，仔细思考一下你为什么相信它，可能这个信念符合你的价值系统，比如"自尊自爱"价值系统会让"细节决定成败"这样的信念看起来更有吸引力。选择一个信念去指导生活就仿佛选择戴上了某个颜色的眼镜，它会影响你在真实的生活中看到什么、听到什么（内在状态），感觉到什么（感官经验），以及预期会发生什么（结果预期）。如果信念与你的感官经验、内在状态和结果预期一致，信念就会被这些成分强化。而且，信念与信念系统之间还会形成反馈环（图中用相互的箭头表示），相互影响。

（内在状态），感觉到什么（感官经验），以及预期会发生什么（结果预期）。信念通过信念支持系统塑造大脑中的神经回路叫作自上而下的学习（注：自上而下的学习就是运用知识、经验和期望等进行学习，它与始于感觉器官的自下而上的学习是相对应的。），又叫作信念的自我实现（如图1-14B1、图1-14B2）。举个例子，相信"成功需要努力工作"和相信"成功需要社交"的人可能虽然是门挨着门的邻居却由于他们被各自信念塑造的神经回路不同，仿佛生活在两个不同的世界一般。他们的价值观、感官上的体验、内在状态和对事实的预期完全不一样。

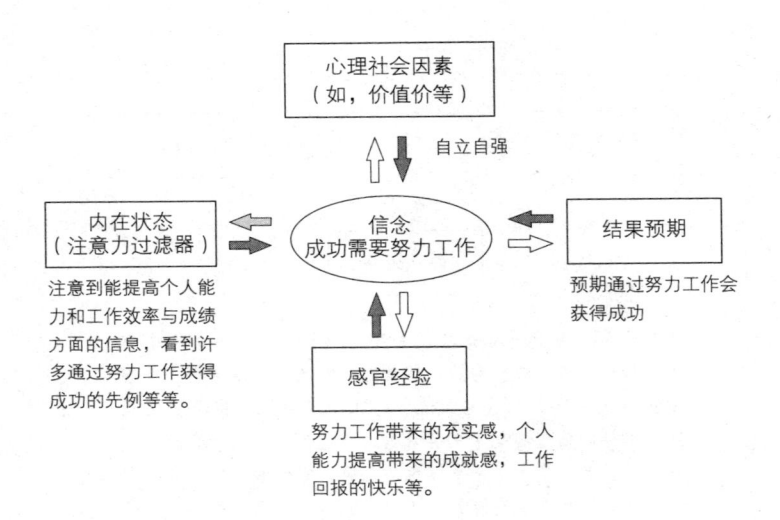

```
                    ┌─────────────────┐
                    │  心理社会因素    │
                    │ （如，价值价等）│
                    └─────────────────┘
                           ⇅  自立自强
┌──────────┐          ╱─────────╲          ┌──────────┐
│ 内在状态 │ ←──────  │  信念    │  ──────→ │ 结果预期 │
│(注意力过滤器)│      │成功需要努力工作│      └──────────┘
└──────────┘          ╲─────────╱          预期通过努力工作会
注意到能提高个人能          ⇅                  获得成功
力和工作效率与成绩      ┌────────┐
方面的信息，看到许      │感官经验│
多通过努力工作获得      └────────┘
成功的先例等等。
                      努力工作带来的充实感，个人
                      能力提高带来的成就感，工作
                      回报的快乐等。
```

图1-14B1　信念塑造大脑1（自上而下）：一些社会心理因素，如我们持有的价值系统让我们产生或者吸收了一些信念，这个信念会设定我们的内在状态，让我们自主性或自动性地注意到一些信息，忽略另外一些信息；结果预期强化我们的执行动力；在执行过程中会体验到感官乐趣，信念在这个过程中就被强化了。一些人相信"成功需要努力工作"，这可能与他们价值系统中的"自立自强"等有关。这个信念使这些人更多地去关注那些能够提高个人能力和工作成绩方面的信息，他们的榜样通常也是那些倚靠个人能力实现成功的人，而且这些人享受努力工作带来的乐趣，并且预期通过努力工作能获得成功。

第一章　冰山

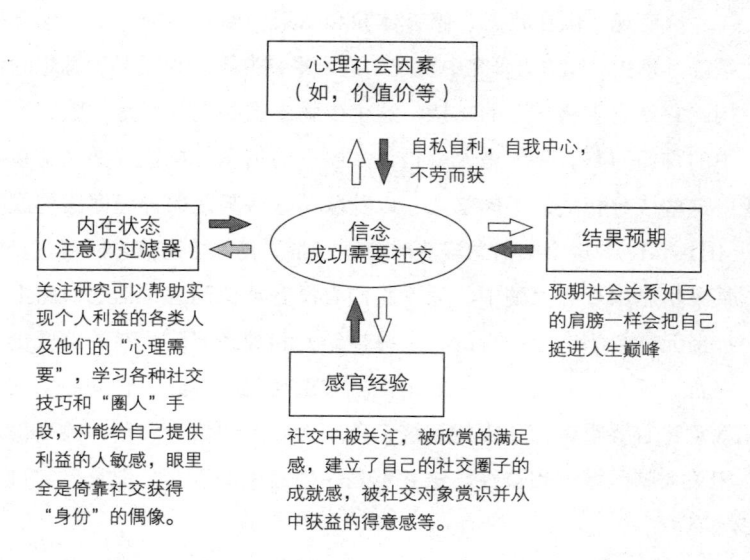

```
                    ┌─────────────────┐
                    │  心理社会因素    │
                    │ （如，价值价等） │
                    └─────────────────┘
                         ⇑ ⇓  自私自利，自我中心，
                              不劳而获
┌──────────────┐         ╱─────╲         ┌──────────┐
│  内在状态    │ ⇒      │  信念  │      ⇒ │ 结果预期 │
│(注意力过滤器)│ ⇐      │成功需要社交│  ⇐ │          │
└──────────────┘         ╲─────╱         └──────────┘
                            ⇑ ⇓
关注研究可以帮助实                        预期社会关系如巨人
现个人利益的各类人      ┌──────────┐     的肩膀一样会把自己
及他们的"心理需        │ 感官经验 │     挺进人生巅峰
要"，学习各种社交      └──────────┘
技巧和"圈人"手         社交中被关注，被欣赏的满足
段，对能给自己提供     感，建立了自己的社交圈子的
利益的人敏感，眼里     成就感，被社交对象赏识并从
全是倚靠社交获得       中获益的得意感等。
"身份"的偶像。
```

图1-14B2　信念塑造大脑2（自上而下）：一些社会心理因素，如我们持有的价值系统让我们产生或者吸收了一些信念，这个信念会设定我们的内在状态，让我们自主性或自动性地注意到一些信息，忽略另外一些信息；结果预期强化我们的执行动力；在执行过程中体验到感官乐趣，信念在这个过程中就被强化了。另一些人相信"成功需要社交"，这可能与他们价值系统中的自私自利、自我中心等有关。这个信念使这些人更多地去关注研究人们的特征以及如何去吸引人，他们的榜样通常也是那些富有社交技巧并通过社交取得成功的人，而且这些人享受社交中的乐趣，并且预期社交面越广就越可能获得成功。

价值观、内在状态、感官体验和结果预期共同构成了信念支持系统。我在对NLP的研究中发现，这个系统并不仅仅是基于思想的建构，它具有生物学上的支持，这个生物学上的支持就是大脑和大脑中的神经回路。具体来说就是，大脑中的信念支持系统是由与系统中这些成分相关的不同脑区，以及联结这些脑区的神经回路构成的（图1-14C）。这个被信念塑造的神经回路被我称之为信念回路。只要某个信念出现在大脑中，无论我们有没有意识到它，信念回路上的神经元就会兴奋。相应的，这些神经元和神经回路所在的脑区也会兴奋。于是，与信念有关的记忆就会被唤起。因此，转变一个信念就意味着要重建信念支持系统，重塑大脑中的信念回路，改变信念相关大脑区域的兴奋性。这并不是一件简单的事情。但是，它也让

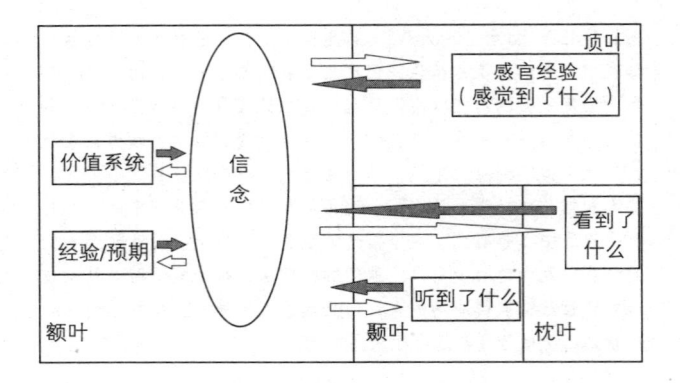

图1-14C 信念塑造大脑3（自上而下）：这是一个"信念塑造大脑"的模式图，从这个图中我们可以看到大脑中的信念回路（用相反的灰色箭头表示）。我们的价值观、信念、预期及经验都储存在额叶中，被信念设定的内在状态如我们看见什么、听见什么等在枕叶和颞叶，执行信念过程中的实际感官体验位于躯体感觉中枢，即顶叶。这个模式图是为了帮助读者理解信念回路制作出的相当简化的版本，在真实情况下，信念回路所涉及的脑区和大脑结构更多、更复杂。

第一章 冰山

我们看到，我们的信念确实是可以被转变的。只要信念支持系统中的任何一个成分肯去面对真实发生变化，整个系统就会松动，信念也会变得不再那么坚不可摧，大脑中的信念回路也可以被重塑。一些心理治疗方法如NLP-神经语言程序就是应用这个思路去转换那些束缚人们潜能，使人们痛不欲生的限制性信念。还有一些信念始终无法转变，因为，相信它们的人已经脱离现实了。那些带有妄想性质的信念就属于这一类，这些信念仿佛自然界的病毒自我复制一般倚靠自我证实维持生命，毒害自己，毒害他人。

还有一些信念是通过自下而上的学习形成的，这些信念主要是指我们在某些环境中通过经验习得的信念，而我们并没有从一开始就被教导应该相信什么，或者坚持什么。在了解这部分内容之前可以先看看下面有关习得性无助的实验。这个实验是关于有些人如何通过被动学习获得类似"我无力""我无用""未来无望"这类不良信念的。

小实验：习得性无助

读者可以想象一下，如果有人把你狠狠地按倒在地上，任你无论如何挣扎都无法摆脱，在拼尽全力之后，你是不是会感到无助？你可能感到再怎么反抗也是无力的，你已经没有办法了，只能等死。这是一种无助的情况，它还不是习得性无助，习得性无助的实验是这样的。

实验人员把一只小老鼠放到了笼子当中，并在笼子的周围设置了电网，只要小老鼠逃走就会受到电击，在反复多次逃走和多次受到电击之后，这个小老鼠就疲软下来了。它开始放弃继续逃跑的尝试，整日蜷缩在笼子里，不再靠近笼门。后来，实验人员把笼门打开，将设置在笼子周围的电网除去，结果他们发现，老鼠已经不再尝试了，即使危险解除它也无动于衷。

我们看到，小鼠看见开着的笼门不再做出任何反应，因为，学习已经使小鼠的大脑发生变化了。在尝试逃跑—电击之间建立了神经联结，于是"试图逃离会受到伤害"这类的信念就产生了。它使小鼠自主放弃尝试逃跑。在实践过程中，由经验引发信念的学习过程被叫作自下而上的学习。在这里，信念仍然不仅仅是一个信念而已，它引发坏的感官体验，它设定内在状态，它预期试图逃跑就一定会被电击。而且，同样地，整个大脑都参与到构建信念的神经回路当中（图1-14D1，1-14D2）。

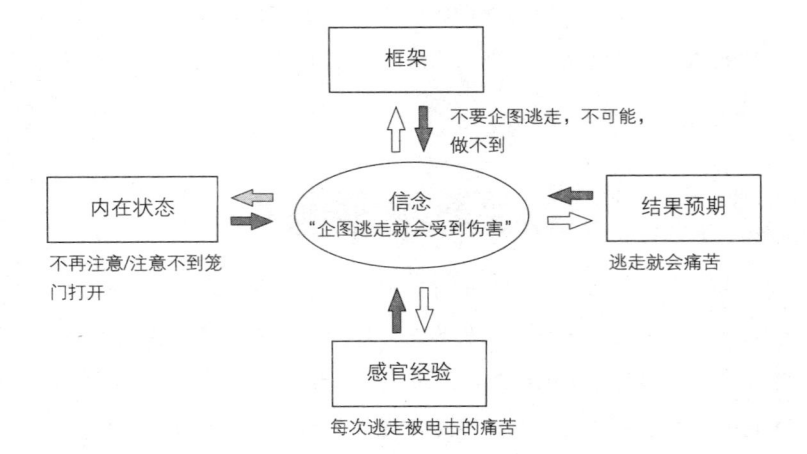

图1-14D1　自下而上的信念与信念支持体系；小鼠在经验中获得"企图逃走就会受到伤害"这个信念，于是它不再企图逃走。当它看到笼门打开的时候，就会激发出"企图逃走会受到伤害"这个信念，以及伴随信念而来的感官上的不适：记起被电击后的痛苦，预期逃走就会再次受到电击，以及"做不到""无力""不可能"的悲观主义，在此基础上，老鼠不会再关注笼门，笼门开着或关着根本不重要，已经没有意义。

第一章　冰山

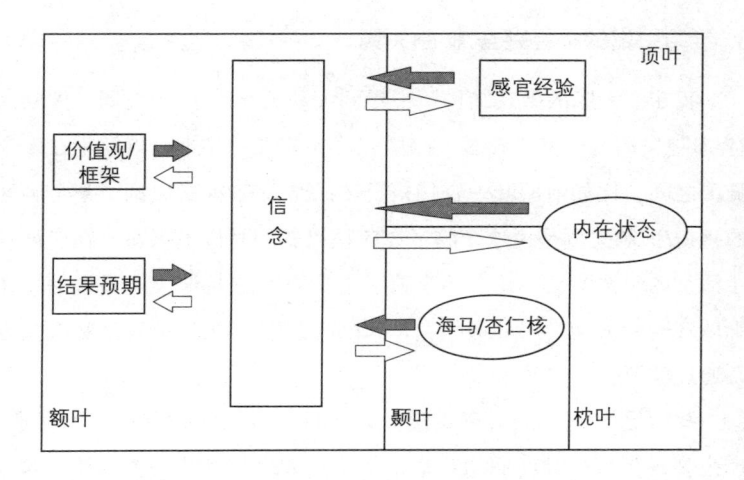

图1-14D2　与信念相关的大脑回路；自下而上信念相关的神经回路（用相反的灰色箭头表示）通过经验构建起来，一开始信念由情境引起，伴随经验性的体验和结果预期，一旦信念成为一种思维框架或者进入价值体系之后，就会开始自上而下地影响决策和行为，信念之外的其他可能性就被自动排除在外。

我们经常主动—被动地获得信念，有些信念是有限制性的。虽然，它们可能曾经让我们真切地感受到人生仿佛有了向导一般不再困惑与迷茫。但是，它们也的确在很多情况下限制了我们的思维。不仅如此，转换这些信念可能会在一段时间内给我们带来些许的折磨。这些折磨也很可能不亚于减肥或者戒除成瘾过程中的一些不好体验。因为，我们需要面对的是我们曾经沉溺其中，并且自我感觉良好的习惯和感觉。但是，我们早已知道信念回路并不是一成不变的。过去的学习塑造的是我们现在的样子，只要面对真实的生活不停止学习，我们的大脑中就会产生新的神经回路。这些不断发展的新的神经回路才会"预言"我们未来的样子。

3. 学习引发的神经兴奋/抑制失调

我在"大脑的微观结构"中提到大脑的兴奋/抑制失调。大脑兴奋/抑制失调可以发生在某个脑区，比如前额叶；也可以发生在多个脑区之间，比如前额叶—杏仁核反馈回路兴奋/抑制失调。某个脑区的兴奋/抑制失调是说这个脑区在应该兴奋的时候不兴奋，在应该停止活动的时候活动不止。多个脑区之间的兴奋/抑制失调是说信息在脑区之间的流动受阻。实际上，大脑兴奋/抑制失调的发生和维持也是通过学习引发的。

我们已知，大脑具有可塑性，并且可以不断被各种学习塑造，产生多种类型的神经回路。举个例子，如果前额叶—杏仁核回路受阻，杏仁核兴奋不止时就得不到前额叶的有效回应。为了降低由杏仁核过度兴奋引起的强烈的情绪冲击，大脑会绕开前额叶—杏仁核回路，通过其他回路来实现这个目标。比如，一些孩童在强烈的不良情绪之下会自动发展出一系列不受控的反应。比如，抓头发、咬指甲、抽动，或者发出奇怪的声音等。我们可以把这类前额叶—杏仁核反应叫作"主控室瘫痪情况下的不得已而为之"。如果它经常发生，就会改变原来各个脑区的沟通模式，使大脑形成新的兴奋/抑制模式。这就会使一些不具适应性的行为难以改变，精神症状变得顽固不化。

下面有两个模型（如图1-15A，1-15B），图1-15A是脑区之间反馈回路的兴奋/抑制平衡模型；图1-15B是前额叶的兴奋/抑制平衡模型。这两个模型可用于临床粗略评估精神心理疾病患者各个脑区的兴奋/抑制水平，我用一个假设来介绍这两个模型。

假设我们开车经过丛林时遇到野兽，杏仁核就开始兴奋了。我们不仅心惊肉跳，还感到手心出汗、心跳加快、呼吸急促、口唇发

第一章　冰山

干、肌肉僵硬，甚至头脑一片空白，当然也可能控制不住胡思乱想。在这种情况下，前额叶不会让我们沉溺于杏仁核的兴奋和那些不适的身体反应，它会发出抑制性的神经冲动安抚杏仁核。于是，我们的情绪强度就下降了，这使我们可以冷静应对突发情况：意识到我们正安全地坐在汽车里，车窗和车门是关闭着的，然后恰到好处地找好方向、踩油门、迅速离开。在脱离危险之后，杏仁核的兴奋就停止了。

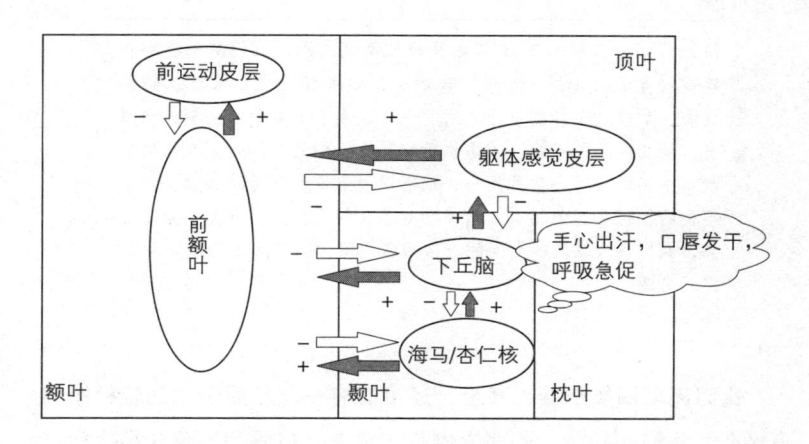

图1-15A　大脑兴奋/抑制反馈模式图；图中标注了4个脑区和脑区中的其他结构，如海马/杏仁核、下丘脑，位于额叶的前运动皮层，这些脑区中的神经元在我们遭遇事件时会互通信息，反馈性地协调合作，在图中用相反的箭头表示。在我们感受到危险的时候，海马/杏仁核兴奋（用"+"表示），我们的身体反应，如手心出汗、口唇发干、呼吸急促等兴奋下丘脑和躯体感觉皮层（用"+"表示），这些脑区向前额叶传递兴奋信号兴奋前额叶（用"+"表示）对突发事件进行分析、制定决策并发回指令，抑制海马/杏仁核和某些脑区的过度活动（用"-"表示），同时兴奋运动皮层（用"+"表示）调整行车方向和加快行车速度。在脱离危险之后，不良情绪反应和身体反应停止，前额叶接受反馈信号，停止活动。在这种情况下，我们说大脑各区域之间交流顺畅，沟通良好。

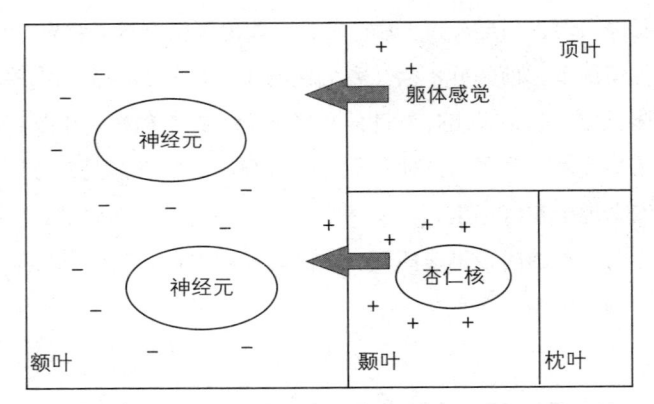

图1-15B　前额叶兴奋/抑制反馈失调模式图；我们看到当杏仁核被过度激活（用"+++"表示），如果前额叶出现兴奋/抑制失调，如被过多抑制信号（用"——"表示）竞争性抑制无法兴奋，就变成了失能的"首席执行官"，人们就会陷入不良情绪的漩涡中，做出不合适的反应；或者通过自发性学习形成社会适应不良的神经和行为模式。前额叶对杏仁核发出的信号无法给予回应，我们说大脑区域之间的正常沟通受阻，脑区间的反馈性兴奋/抑制失调。

我们逐渐恢复平静，甚至，还可能有一丝劫后余生的轻松感和小兴奋。我们的呼吸、心率慢慢趋于常态，口唇和面色开始变得红润，肌肉彻底的放松，前额叶接收到这些新的信号也停止活动。之后，我们可能跟家人和朋友分享这次的意外经历，甚至一些喜欢冒险的人还可能约上几个朋友再去探探究竟，等等。在这个例子中，前额叶对杏仁核反应良好，它收到杏仁核的兴奋信号之后发生兴奋，在杏仁核停止兴奋的时候也及时停止活动。这说明前额叶的兴奋/抑制水平是正常的。此外，前额叶—杏仁核回路沟通顺畅，前额叶能及时接收到杏仁核传递的信号，这说明脑区之间的神经兴奋/抑制也是平衡的。

第一章 冰山

前额叶经常被神经科学家们比作企业中的"首席执行官",各个脑区就如同一个企业内的各个部门。一个功能良好的大脑如同一个健康的企业。在一个健康的企业中,各部门之间的沟通是无障碍的,信息透明而且流动顺畅。无论什么原因,如果企业中的任何部门私底下隐瞒信息或者歪曲信息,都会影响CEO的决策和整个企业的发展。对于大脑而言,隐瞒信息相当于忽视我们的真实感受;歪曲信息相当于扭曲我们的真实感受,比如,把我们讨厌的说成是我们喜欢的。无论是忽视还是歪曲都会使信息在脑区间的自由流动受阻,影响前额叶的决策,进而影响整个大脑的兴奋/抑制活动。这种情况会引发大脑的自我塑造,在一些脑区之间形成"权益之下"的替代性神经回路,使大脑形成新的兴奋/抑制模式,引发我们新的反应和行为。虽然新的神经回路避开了信息滞留或瘀堵的地方,但是,就如同在中医学上滞和瘀会引发疾病一样,未被疏通的东西就如同隐患一般或早或晚都可能在我们未来生活中某些因素的诱发下引发各类精神心理问题。下面我用一个案例来说明这种情况。

怕狗的表奶奶

表奶奶来到我的诊室说她十分怕狗,现在她几乎已经没有办法出门了,一想到出门就会在电梯或者园区中看见狗,她就十分的恐惧。我询问表奶奶,在她的早年生活中有没有发生过与狗有关的什么情况,表奶奶一下子就打开了话匣子。她说在她还是十几岁的小姑娘的时候,她住在农村。有一天她去朋友家,这天是刚下过雪后,地面上积了厚厚的白雪。她进到朋友家的院子后就高兴地大声喊她的朋友的名字,结果她朋友家的两条看门大狗突然就不知从什么地方大叫着朝着她猛扑过来,这把表奶奶吓坏了。她扭头就开始奔跑,一直不停地奔跑，可是那两条大狗也一直在后面紧追不舍。表奶奶在积了厚厚的白雪的农村的土路上跑起来十分地费力，没多久她就已经筋疲力尽，后来她不得不在地上连滚带爬地跑着逃命，直到被那两条大狗追上。因为那两条大狗在追上了表奶奶之后最终并没有伤害表奶奶，表奶奶也就把这件事忘记了，但是，她后来没有再去那位朋友的家，而且也搬了家，离开了那座村子。

我使用EMDR技术（第三章）帮助表奶奶清除了发生在她早年，但却一直驻留在心灵当中造成"瘀堵"的记忆，但是，表奶奶对狗的恐惧并没有完全地消除，她还有很多由消极记忆所造成的"瘀堵"需要处理。不仅如此，表奶奶在她的老伴去世之后就一直独自一人，她需要找到一个精神寄托才能最终走出对狗的恐惧。

距离最初发生事件的时间已经过去好几十年了，表奶奶也从一位十几岁的青春少女变成了一位花甲老人。事件发生之后的几十年当中表奶奶一直在忙忙碌碌，根本无暇顾及自己。当年的遭遇也仿佛被遗忘了一般。但是，事实上，它正是被不动声色地、原封不动地、深深地记住了。无论那些让我们感到受创的事件发生时我们的年龄有多大，如果不经处理，它对我们的影响都可能是深远的。就如同被细菌感染的伤口未经消毒处理就用一块密不透风的裹布紧紧包住一般，无论它外表看上去多么洁白无瑕，内部都会腐烂变质。事实上，不仅表奶奶会被幼年"未处理"的创伤阴影牵绊，我们大多数人在成长过程中都会经历各种各样的"心灵创伤"事件，有过消极体验。也会由于诸如内向的性格，孤立无援的处境，被不适当的对待等原因把"未经处理的感染伤口"包裹起来放到记忆的深处。殊不知这些伤口会从内部腐烂，腐蚀大脑的神经回路。而且，还会成为一种内在的驱动力，不仅影响动机、决策和行为，还会参与塑

第一章　冰山

造人格，潜移默化地影响我们人生的方向。

被"心灵创伤"记忆影响的运动员

小嘎是一位年轻的体育竞技运动员，他在平时的训练中十分努力，教练也都期待他能够在比赛中获得好成绩。可是，不幸的是，小嘎总是会在第一轮的比赛中就被淘汰。因为他总是会在第一轮比赛中就被抽签安排与一位实力十分强劲而且比赛经验丰富的对手较量。接二连三在比赛中失利使小嘎的内心十分受挫，他开始喜欢一个人独处，不与周围的人来往，封闭自己。教练十分担心小嘎，介绍小嘎前来咨询。

在与小嘎的聊天中，我发现小嘎的心理压力非常大，他总是无法轻松应战，而且喜欢用"抬杠"的方式掩饰自己内心的挫败感，他说自己尤其喜欢与他的父亲抬杠，他不愿意接受父亲的任何建议，他也并不知道为什么。帮助小嘎找原因的时候发现了隐藏在小嘎记忆深处的一个事件。在小嘎很小的时候，有一天，他的父亲带他到游泳池要教他学习游泳。就在小嘎趴在救生圈上愉快地游玩时，他突然感到有一股巨大的力量在下面拽着他的双腿，企图把他拉进水里，他十分地害怕，不断地挣扎。小嘎后来才知道，是他的父亲在吓唬他。在这段记忆被处理之后，小嘎就发生变化了。

我们的神经反应模式一部分来自遗传，一部分受到后天养育环境的塑造。通常情况下，如果父母一方或双方患有焦虑症、抑郁症等精神心理疾病，孩子们通常也会发展出一些类似的状况。因为，除了遗传之外，父母也通过言传身教，将他们自己的神经回路模式传递给了下一代。对大部分人来说，父母、主要抚养者，或者重要关系人都是不完美的。在我们受伤无助的时候，这些人经常不但没能够安抚我们，让我们感到被理解和支持，反而手足无措且不适当地对待我们，让本已受伤的我们感到更加不舒适，对自己的感觉更不好。但是，无论我们的家庭和教育是如何塑造我们的神经回路的，就犹如我们曾被"信念"塑造的回路一样，它代表的只是我们过去的那个部分。几乎每个人都有可能在未来的学习中重塑自己的神经回路类型。

此外，我们生活在一个复杂多样的世界当中，即使过去的学习让我们建构了一种能够帮助我们反应良好的神经回路模式，它并不代表我们在未来仍然能够反应良好。因为，一旦"竞争"不当就会导致失衡。而且，大脑各区紧密相连、分工合作，任何一个脑区的失衡都会使整个大脑的沟通受阻。许多曾经适应良好的人在他们人生的某些特殊阶段会患上精神心理疾病；有些已经从精神心理疾病的阴影中康复的人也可能再次回到原点；被忽视的消极体验如同随着时空不断增加"烈性"的隐形炸弹一般，随时都可能像"压垮毛驴的最后一根稻草"那样被一种感觉、一个情境、一个事件或者一个想法等引爆……这些都意味着，要想维持一种长期稳定的平衡，学习不会终止，回路的建构和调适也不会停止。

4. 大脑可塑性

大脑可以被我们的学习塑造就是大脑的可塑性。我们出生后就在不停地认识世界和我们自己，所有这些都在塑造我们的大脑。一位著名的心理学家华生说："如果给我一打婴儿，我保证能够任意把他们培养成任何一类人——或者医生、律师，甚至盗贼和乞丐。"当我们说把一个婴儿培养成医生时，指的是塑造婴儿的大脑，即把它的大脑塑造成"医生脑"，使婴儿成年后的思维和行为均符合医生这

第一章 冰山

个身份和角色。不仅如此,"医生脑"也完全可以通过再学习被重塑为"盗贼脑"和"乞丐脑"。

大脑中的神经回路如同交通路线一般,如果常用的回路受阻,大脑就会自动地学习走不常用,或者已经被弃用的路线,甚至可以开发新的回路。大脑具有可塑性也使我们可以自主选择如何塑造我们的大脑,选择去兴奋/抑制哪条神经回路,选择兴奋/抑制哪个脑区,以及何时兴奋/抑制。一般情况下,大脑兴奋过后就会及时接收到反馈性的抑制信号使自己处于兴奋/抑制的平衡当中。

举个例子,大脑中多巴胺能神经元释放神经递质多巴胺会使我们感到兴奋、警觉、愉悦并且充满创造力。之后,大脑中的反馈性抑制环路会产生 γ-氨基丁酸来抑制多巴胺能神经元,使它停止释放多巴胺。因为,过量的多巴胺会引起幻觉、妄想等精神病性症状。但是,在药物成瘾的情况下,人们会过度乞求快乐。没有休止地自我纵容地过度使用"药物"就会破坏大脑的兴奋/抑制平衡机制,使大脑兴奋/抑制失调。一方面位于神经突触后膜的受体会被过多的快乐物质消耗殆尽使大脑对快乐物质不再敏感;另一方面,使用快乐物质引起的过度兴奋被更强大的抑制信号平衡下来。因此,想要再度兴奋就需要更多的快乐物质。发生这些情况意味着大脑已经被不良的行为和药物重塑了。

有一个著名的心理学实验叫作"延迟满足"实验。在这个实验中,主试给十几个儿童每人发了一块儿糖果,并且告诉这些儿童自己要出去一下,他回来时会给没有吃掉这一块儿糖果的儿童再发一块儿糖果。这个实验的研究人员在后续的十几年中随访这些儿童并且发现,当初为了获得更多糖果没有吃掉那一块儿糖果的儿童在学业上表现优异。而且,他们在成年后都成了社会上的精英人士;其余的儿童不仅在学业上表现不佳,而且生活随便,他们成年后要么成为生活在社会底层的小混混，要么成为"瘾君子"。当我们为了长远的目标控制自己的本能行为时，我们在塑造大脑，锻炼前额叶，提高在某些引发本能行为脑区中的神经元树突上抑制性神经纤维的"竞争性"（图1-16）；当我们贪图纵欲享乐时，我们也在塑造大脑，只不过是把它训练成另外一种模样罢了。

图1-16　神经元上的"竞争性"兴奋/抑制；伏隔核发出的神经冲动兴奋图中的神经元，引发本能和冲动等行为，前额叶对神经元发出抑制性信号，抑制本能和冲动等行为。

大脑的可塑性也可以从宏观和微观两个方面来介绍。可塑性在宏观上主要是说①神经细胞是可以再生的——目前主要指的是海马中的神经细胞；②通过学习形成的神经回路在我们整个的生命过程中都可以被新的学习持续重新塑造；③大脑的功能分区并不是一成不变的，也就是说，颅相学是不准确的。比如，盲人的视觉皮层会被听觉皮层或躯体感觉皮层征用来处理更多的来自它们前台——双耳和皮肤的听觉和触觉信号；中风所致大脑大面积损毁之后仍然可以通过"限制—诱导"训练重塑大脑等。请记住，大脑中没有哪个部分会自主选择消极怠工，甘愿闲着。

在微观层面，大脑的可塑性是指学习可以使神经细胞的突触增大变强，神经细胞产生新的突触，神经突触后膜受体的数量发生变化等等（如图1-17）。不仅如此，大脑具有可塑性还意味着对大脑的研究不仅会随着时空的变迁一直在发展，而且，还可能发现存在着

第一章 冰山

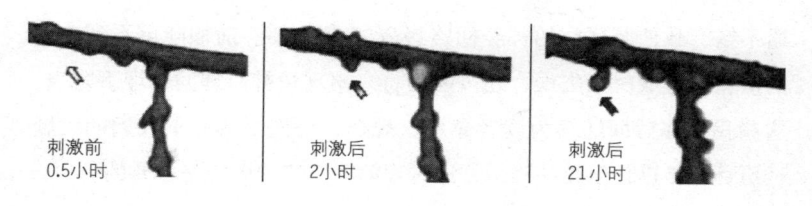

| 刺激前 0.5小时 | 刺激后 2小时 | 刺激后 21小时 |

图1-17 长时程增强后树突棘的增长

的个体差异性和群体差异性。

大脑可塑性使生活在社群中的我们经常面临选择危机。比如，兴奋？抑制？但是，它同时也使我们可以超越悲观主义。有一句话叫作，"迟做总比不做好"。事实上，无论过去怎样，人们被赋予了平等的机会，可以随时选择开始通过学习塑造大脑，并成为某个领域的专家或能手。此外，我们还看到，一些不放弃自己坚持训练的偏瘫患者在一年之后就重新找回了希望，并且回到了他们熟悉和热爱的工作岗位；在一些父母们的悉心照顾和严格的训练之下，生下来只有半个大脑的孩童不但能成年，能正常生活，还会拥有梦想和爱好；一些盲人和聋哑人，以及因意外变成盲人或聋哑的人通过特殊教育也可以无障碍地生活，还能实现舞蹈和音乐梦想，比如，伟大的音乐家兼作曲家贝多芬就是在失聪之后创作出了举世闻名的《月光曲》；许多精神病患者也在面对现实的自我挑战中实现了痊愈，并且收获了各自的快乐与幸福……

大脑具有的可塑性让我们可以自主选择如何思考、如何行为、如何与人交往，以及如何过我们的生活。我们已经知道前额叶是大脑中的CEO，它负责把来自大脑各个部分的信息进行综合分析、做出决策、指派任务、下达运动指令并接受反馈。各个脑区沟通顺畅，反馈及时就产生兴奋/抑制平衡。如果任何脑区把本应该传递到前额叶的信息拦截下来据为己有、掖着藏着，就会使信息在脑区之间流通不畅，致使脑区间的神经回路兴奋/抑制失衡。前额叶得不到全面的信息会造成决策失误，还可能为将来出现精神心理问题埋下隐患，这些我将在后面继续为读者介绍。现在，请先了解一下我们的大脑经历百万年进化至今的样子，这对理解第二节的内容是必要的。

5. 大脑的进化

我并不是一个绝对的无神论者，因为我相信，人类可以通过不断地挑战自我唤醒自身体内的"神性"，最终成为自己的"神"。但是，我是一个绝对的达尔文主义者，我相信生命是由进化而来，并不是由上帝创造的。而且，有许多理由和科学证据让我相信这一点。事实上，很难想象会如某些传教士所宣称的那样，有一个万能的"神"从一开始就预测了一个没有人会知道未来有多久的未来的样貌和各种可能性，从而，创造出了一个可以称之为"从一开始就穿越到结果的、毫无悬念的"理想世界。在我看来，"上帝造物"说否定了发展和变化，否定了概率法则和自主性，否定了任何生命其实都拥有可以通过不断地学习与适应获得自我更新的能力。而且，这些能力一旦得到认识与肯定，并被付诸实践就很可能让我们生存于其中的世界变得更加丰富多样与广袤无边。讲述这些并不代表我意图否定一切宗教观念和宗教理想，我也不想在这里谈论与宗教相关的任何话题，那并不是我写这本书的意图，我所论述的只是一些事实和证据。

科学工作者已经通过许多途径，使用许多的证据向我们呈现了一种事实，即，人类是经过长期的进化发展而来的。而且，我们的神经系统已经从最初一条只能被动回应的简单神经管进化发展成了一个复杂，并且可以主动思考的高级生物脑。神经系统的进化使生命不断地由低级向高级转变。通常认为，在这期间主要经历了三个

第一章 冰山

阶段，即，爬行动物脑阶段、哺乳动物脑阶段，以及高级的人类脑阶段。至今为止，我们仍然可以在完整的大脑结构中看到这些进化上的痕迹（如图1-18）。图1-18是大脑的纵切面图，我们在这里可以看到大脑内部大致完整的结构。有折叠的"皱褶"的部分是我在第一节就给读者介绍的大脑皮质，又叫作新皮质，它在进化上出现的比较晚。其中，前额叶是最新的。相较于其他动物的前额叶，人类的前额叶面积要大很多，即使与人类的近亲猿猴相比，这种差异

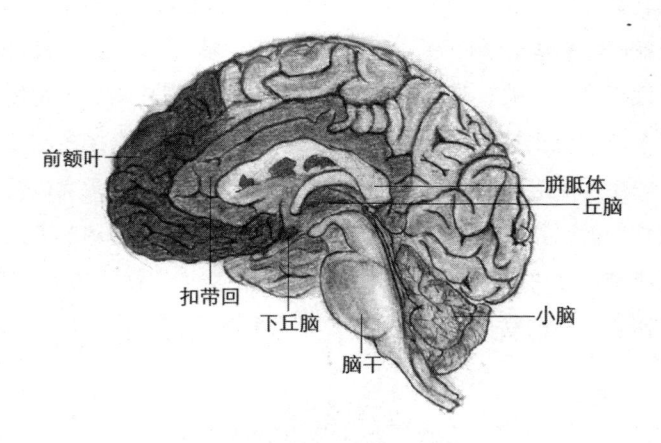

图1-18 完整脑的正中矢状面切面图；我们看到的带有折叠的"皱褶"的部分是大脑皮质，它是在进化上出现得比较晚的部分，又叫作新皮质，其中位于左侧前方、前额内部的前额叶在进化中出现得最晚，它代表的是人类脑的最高级功能如推理，是大脑中的"首席执行官"。位于前额叶右侧的开口朝下的弯弯的结构是扣带回，这部分大脑皮层在大脑的外表面是看不到的。扣带回下面的白色部分是胼胝体，它是连接左右大脑半球的结构。位于胼胝体下面的"手把"一样的结构是脑干，脑干后面的有许多小分叶的结构是小脑。大脑的进化是"自下而上"的，其中脑干、小脑最古老，是维持基本生命的重要脑结构。

也是十分惊人的。因此，前额叶被认为与人类的文明最相关。此外，前额叶也是公认的大脑CEO，显然这个"职位"需要更多的脑组织支持它的工作，这一点我会在第二节人类的意识/意识与文明中为读者进一步说明。

大脑中在进化上比较古老的部分包括边缘系统、基底神经节、脑干和小脑。边缘系统（图1-19）主要由我在第一节中介绍的海马和杏仁核，以及下丘脑、扣带回和伏隔核等组成。边缘系统代表的是哺乳动物脑，它在进化上要早于新皮质，晚于爬行动物脑。它主要与我们的"情绪"行为，如情感、直觉、哺育、战斗—逃跑反应，以及性行为等有关。其中，位于边缘系统内的下丘脑是生物体的内分泌系统和自主神经系统的高级中枢，它是大脑中直接参与管理生物体的生理反应的脑结构。它通过影响内分泌腺分泌激素以及调节自主神经的兴奋性，反馈性地调控在生物体内部参与调节神经系统兴奋/抑制平衡的各种激素的水平，以及各类化学物质的动态平衡；扣带回与一些家庭行为，如亲密、喂养和抚育有关。在生物体的大

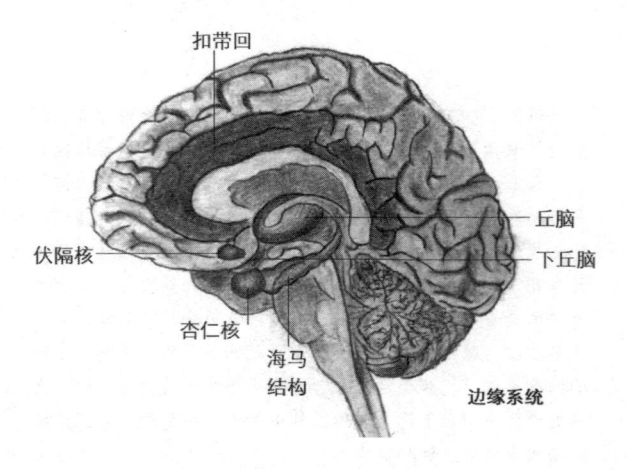

图1-19 边缘系统

第一章 冰山

脑进化到哺乳动物脑时出现了基于哺乳的亲密的家庭养育行为,这与爬行动物的养育行为截然不同;伏隔核内含有丰富的储存多巴胺的神经元,这些释放多巴胺的神经元与大脑内天然存在的释放吗啡类物质—β内啡肽的神经元相互联结形成复杂的神经回路。这些神经回路共同组成了大脑中的奖赏系统(具体内容请见第二章)。边缘系统中神经元的兴奋/抑制受到前额叶的调控(如图1-20),位于这里的神经元会发出神经纤维到前额叶,向前额叶传递信息。同时,也接受来自前额叶的指令。边缘系统在进化上发生较早,在前额叶发生之前它曾经主导了一个"边缘系统"时代,人们常常称呼那个时代为"野蛮时代"。

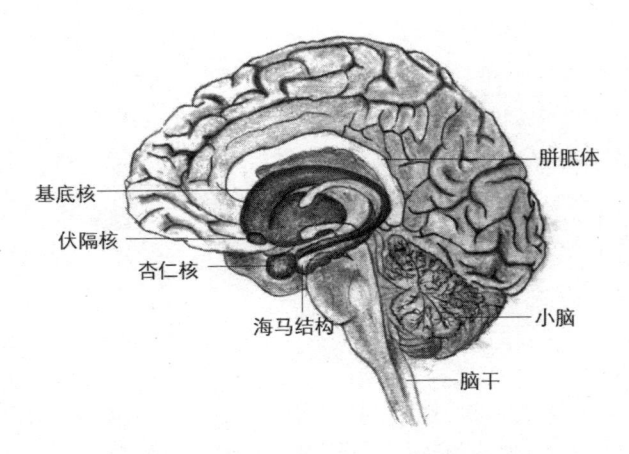

图1-20 脑干、小脑和基底神经节(基底核)

脑干、小脑和基底神经节是进化上最早出现的脑成分,他们共同组成了大脑最古老的组织——爬行动物脑。"爬行动物脑"管理着生物体最基本的生命行为,如呼吸、心跳、反射、平衡以及一些自动化的反应与行为。其中,脑干主要负责管理呼吸、心跳这类基础

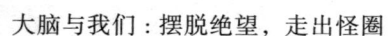

生命反应；小脑主要调节运动的精确性与身体平衡；基底神经节与生物体的先天反射和自动化的反应密切相关。爬行动物脑的兴奋/抑制平衡受到前额叶和边缘系统的共同调控，位于爬行动物脑中的神经元会向前额叶和边缘系统发出神经纤维传递信息。同时，执行它们下达的指令。如果前额叶和边缘系统对爬行动物脑的高级调控出现异常，高级生物就会显露出它们在进化上的祖先——爬行动物的，诸如冷酷、残暴的原始本性。

第二节 意识

一、意识的产生

"意识是如何产生的"是一个十分古老又经久不衰的话题。几个世纪以来，许多领域的学者们力图从各自领域的角度去弄清楚它。到目前为止，即使在某些方面存在一些争议，意识产生的主线的确越来越清晰了，我不能称它为"绝对真理"，但它的意义十分明显。我从五个方面为读者说明。

1. 从反应到意识

地球上有一种名字叫作"含羞草"的植物。在我还年幼时它很流行。那时，谁的家里若是有一盆含羞草也是值得与小朋友们炫耀的一件美事（图1-21）。含羞草之所以会风靡一时主要是因为它能够"回应"我们：当我们触碰它时，它的叶子就会像一位害羞的小姑娘一样紧紧地收起。于是，我们这些小朋友就不得不静静地、耐心地待在旁边等待它的叶子重新展开。这个过程让人感到十分欣喜。现在，我仍

图1-21 含羞草

然不知道为什么含羞草这类植物会有这样独特的表现。但是我知道，自打出现在地球上它们就那样了。并且，它们的一生一直会是那样。

现在，我们已经知道，任何生物都能够"回应"来自外界的刺激，都能够对来自外界的刺激做出反应，只不过是反应的方式不同罢了。而且，有些反应并不能被人类的"肉眼"看见，它们发生在只有用显微镜才能看见的细胞当中。比如，植物的光合作用就是一种反应，它们用这种反应来维持存活。不过，含羞草这类植物的反应的确像极了动物的反射行为。因此，才会激发起我们的好奇心。进化早期生物体表现出来的反应被普遍认为是由基因痕迹引发的无知无觉的生命现象，我们现在看一下存活至今的两类"远古生物"变形虫和海葵的反应，它们是进化上不同等级的两种生物。

变形虫（图1-22A）是单细胞生物，即，它是由一个细胞组成的生物，这个细胞就是它的全部。变形虫生活在浅水里，没有固定的形状，在活动和捕捉食物的时候变形虫会根据现场状况任意变形。变形虫通过改变形状对来自外界环境中的刺激做出反应，通常认为这种反应是由储存在变形虫基因中的痕迹引发的。这说明，无论是在活动还是捕捉食物，变形虫完全不知道它自己在做什么，它只是对刺激做出既定的反应而已。这类由痕迹引发的无知无觉的反应在一些大脑活动异常的人类，比如，一些癫痫自动症的患者、身份识别障碍的患者，以及处于催眠之下的正常人身上也可以看到。这些人的日常行为看起来没有什么异常，但是，他们完全不知道自己做过什么。他们可能才

图1-22A 变形虫

第一章　冰山

跟你一起喝过茶，然后转过头就不记得这件事了，发生过的事情在这些人的心灵中是一片空白。

海葵（图1-22B）生活在海洋里，相比变形虫，它由许多个细胞组成。而且，海葵已经发展出了简单的神经系统。由于具备了神经系统，海葵对来自外环境刺激的反应要比变形虫更加复杂，除了细胞反应之外，还

图1-22B　海葵

有神经反应。我们通常把神经系统对外界刺激的反应叫反射，回避外界刺激的反射看起来就跟含羞草的"害羞"反应是一样的。当刺激海葵的"触手"时，它就会反射性地"缩回去并启动海葵自身具有的一些自我保存性的反应。比如，全身性的痉挛、战斗反应、释放含有毒素的液体等。海葵的这些反应同样是被它们的基因痕迹引发的，使它们无知无觉地"知道"要做什么以及如何去做。对于没有意识的生物来说，它们所能做的一切仅仅就是反应，即，它们只能在基因痕迹的调控下"兵来将挡，水来土掩"。

有些喜爱海葵的人可能了解海葵在面临某些异种时会表现出战斗反应，它们的整个身体被类似战斗"情绪"激活的反应跟人类准备战斗时肾上腺素激增的姿态毫无异样。但是，它仍然是基因痕迹调控下的无知无觉的反应。而且，这些痕迹反应在进化中被保留下来，比如，高等生物在面对生命威胁时表现出来的战斗—逃跑反应就属于这类反应。此外，我们还知道人类的小婴孩儿在刚出生时也能表现出一些痕迹调控的先天反应，即反射。比如，吸吮反射、眨眼反射、反射性微笑等，它们与海葵的这些反应类似。不仅如此，

这些反射几乎主导了婴儿的早期活动，我在前面已经为读者介绍过。

仅仅凭借反应生存显然不是长久之计，婴儿需要长大，物种也不会停下进化的脚步。生物究竟是从什么时候开始有了意识的萌芽，让它们可以知晓自己的所作所为呢？我们对此还并不十分清楚。但是，我们知道，如果想要"知晓"什么首先需要有一个表征系统，能够表征那些"所作所为"。或许，生物需要另外一套系统，这套系统就是后来被演化出来的神经系统。而且，神经系统进化至今已经有了独立的中枢器官——大脑。

大脑演化至今，我们脑中的神经系统几乎已经能够表征我们周围与我们有关的一切事物，使我们能够看到、听到、感受和感觉到等。我们也已经拥有了意识，这使我们在很多情况下不再只能无知无觉地进行反应。我们不仅知晓自己的身份，知道自己的"所作所为"和"所想"，还能为将来做规划，以及进行决策，等等。下面，我简单介绍一些目前认为可能对产生意识有贡献的元素。比如自我、表征、情绪和反射等，我认为了解这些十分有必要。因为，如果把意识比作参天大树，这些元素就是丰满的树根儿，它们同样值得被赞美和关注。

2. 自我与意识

生命是什么？为了弄清楚这个问题值得花一些时间去翻阅各种文献和资料。然后，你就会看到许多很长的解释。一开始，大部分的人都认为至少一个由膜包围起来的、有自己的内部世界，并且能独立进行生命活动和对外界做出反应的细胞才算得上生命。但现今，科学家们已经发现了最小的生命，朊病毒。它是一个蛋白质分子，它有可以被称得上是"类病毒"行为的自我复制行为，而且"能存活"，能感染宿主的神经系统并致宿主死亡。事实上，我更愿意把朊

第一章 冰山

病毒的自我复制行为叫作酶促反应,而不是自我复制,我也认为它是朊蛋白,并不能被称作病毒,对此,我曾专门发表过一篇文章去说明我的观点(见参考文献)。我认为,就像我在前面大脑的学习中介绍的"信念的自我实现"一样,缺乏科学谨慎的命名的"暗示效应"会潜移默化地使人们的思维方向偏离它原本的轨道,这就如同中国的一句古话,"差之毫厘,谬以千里"一样。

虽然如此,我仍然认为界限——比如细胞的膜、动物的皮肤、器官的包膜,昆虫的茧和壳等对生命是必要的。尤其,是对那些将会产生意识的生命来说。事实上,无论想要弄清楚什么,首先需要能够完整地表征它。因此,生命本身也至少要有一个活动界限才能被它自己的表征系统完整表征。并且,在此基础之上才有可能去表征"身"外之物。即便是作为蛋白质存在的"生命",如果它能够表征它自己,那么,它也应该知晓它自己的界限在哪儿。比如,在它的某个转角上的到底是色氨酸还是甘氨酸等。

在生物界限之内的是一些组合起来,在基因痕迹的调控下可以相互协作进行生命活动的元件。比如,一个完整的细胞结构包括细胞膜、细胞质、细胞核,以及一些细胞器(如图1-23)。生物界限之内的世界被叫作生物的内环境。一个生命就如同一个小企业,生物界限就是企业的大楼,一个个细胞器就是办公室,细胞质是走廊和楼梯,含有遗传物质的细胞核就是CEO的办公室。通常情况下,生物体的内环境在遗传物质的调控下在一定范围之内保持稳态,既不会超过一定的数值,也不会低于一定的数值。如果内环境的稳态遭到破坏,生物体将面临死亡危机。事实上,处于生命进化早期的生物体并没有表征系统,甚至连它们自己的所作所为都不知道。那么,它们如何"知晓"体内环境的稳态被破坏了呢?它们如何"知晓"在什么时间、什么地点,哪些成分变多了,哪些成分变少了呢?

- 065 -

图1-23 动物细胞；图中显示了一个动物细胞的结构，如细胞膜、细胞核、细胞质，以及位于细胞质当中的一些细胞器。

通常情况下，当生物体遭受外环境的压力，无论是物理压力，如机械力、噪声等，还是生物压力，如有害微生物的侵袭等，它们都会使细胞的内环境发生动力学上的变化。其中，这些变化包括细胞内流体力学的变化、能量变化，或者是化学分子浓度的变化等等。这些变化会使生物体的内环境失去稳态。但是，生命体的存活需要维持内环境稳态。因此，在重回体内稳态的压力下，就会自发地启动储存在基因痕迹中的反应。比如，变形虫改变自己的形状，海葵缩回"触手"全身痉挛，等等。这种情况有点类似于恒温器，当环境温度的变化超出恒温器被设定的范围值就会自动触发恒温器的开闭按钮。我们看到，即使界限出现在地球上开发了新的系统——生命系统，那些支配物理和化学世界的规律和法则依然主导早期生命体的基本生存反应，即便生命发展至今，这些规律和法则仍然在生命的本质层面发挥作用。

表征系统出现说明生物体至少有了两套系统，一套依据痕迹的

第一章 冰山

反应系统，也即行为系统和一套表征行为的系统。通俗来讲就是"做"的系统和"观察"的系统。表征系统经过发展之后可以表征生物体本身，即主体；表征生物体之外的事物，即客体；以及表征主体与客体之间的互动，即主、客体之间的关系。目前认为，要产生意识需要同时对这三个方面进行表征。其中，表征的生物体本身就是自我。这里的"自我"与精神分析学派的创始人西格蒙德·弗洛伊德提出的心理上的平衡"本我"与"超我"的"自我"不同。我在这里介绍的代表"表征的生物体本身"的"自我"是一种存在，它是指生物体有界限的身体，它区别于心理、心灵、灵魂等。

最早用来表征自我的被认为是"感受性"。它既不是视觉上的，也不是听觉上的，它与躯体感觉有些类似；而我在前面介绍的视、听、触、味、嗅觉系统主要用来表征客体。请读者回忆一下我在大脑功能中提到的视觉系统和听觉系统，"感受性"表征系统也需要前台和后台。但是，相比视、听、触、味、嗅觉这五个感觉系统，加工"感受性"表征的前台和后台涉及位于不同进化等级上的许多个脑区和脑结构。比如，"感受性"表征系统的前台主要位于脑干、下丘脑、某些躯体感觉皮层和岛叶。如果这些部位受到损伤，生物体就会丧失意识。"感受性"表征系统的后台表征主、客体之间的关系，它所涉及的脑区目前还并不十分明确。但是，它与进化上出现得比较晚、更高级的皮层，如丘脑等相关。

"感受性"表征系统受到损害就会影响产生意识，但可能不会影响其他感觉系统的各自表征。比如，在给一些处于轻度昏迷的植物人的视网膜上投射熟人的照片之后进行的大脑扫描中发现，这些植物人大脑中的人脸识别区会被激活。但是，因为丧失了意识，这些激活的神经信号无法被生物体感知到。事实上，即使我们的意识完好，有些表征，即使是那些与我们自己有关并对我们的生活有深刻影响的表征也可能无法被我们感知到,除非使用特殊的手段,比如催眠等;还有一些表征是进化至今的高等生物——人类无论如何也无法感知到的,即存在但暂时无法被感知。就如同第一章中呈现的,这些表征是冰山位于水平面之下的那一大块神秘的领域。

表征自我的"感受性"系统就如同一个技术娴熟的印象派画家,它在表征自我时就如同这个画家在给生物体本身画作印象画。而且,这幅印象画会伴随着思想流动。但是,它不一定会被捕捉到、被感受到,或者被注意到。事实上,只有在"感受到"或者"注意到"自我这幅印象画才算是距离意识更近了一步。我们把"感受到"或者"注意到"自我的能力叫作感受力,它也被叫作"感受到感受"的能力。这样表达看起来似乎有一些难以理解,但是"感受到感受"总是会出现在某些神经心理专家的高深的著作里。它实际上就是我们常说的"感知",而感受力就是感知自我的能力。"感受性"表征系统的后台负责管理感受力,即加工前台表征的自我,让我们"感受到感受",它与高级脑功能相关。在进化史的某一阶段之后出现的生物体先天就具备"感受性"表征系统的前台,即能够为生物体画作印象画。就如同视觉系统的前台眼球和听觉系统的前台双耳一样,它们会在适宜的环境中自然成长发育。负责管理感受力的后台也如同视觉系统和听觉系统的后台视皮层和听皮层,它可以在后天塑造大脑的训练中获得提升。相反,感受力也可以通过塑造大脑而下降。比如,有些人在长期的工作与生活的重压之下忽视"身体不适感",这使他们逐渐丧失了"感受到"和"注意到""身体不适感"的能力。这些人在很长一段时间之内可能都感受不到"身体不适感",注意不到"身体不适感"。如果在某次例行的体检中被检查出患有严重的疾病,他们常常对医生说"我一直也没有感觉到哪里不舒服",或者"我一直也没有注意到哪里不舒服"。虽然"感受性"仍然存在,

第一章　冰山

仍然在对身体的状况进行表征，但是，却因为它的主人丧失了感受到它们的能力无法引发意识，也就不会引发回应"不适感受"的主动性反应。"自我"这幅印象画从它的拥有者那里销声匿迹了。

另外有些人常常感到身体不舒适，他们求助于医学手段，有时完全检查不出任何异状。即便如此，不舒适感仍然是有意义的。这类现代医学手段尚无法检测出异常的不舒适感通常被认为是由精神心理问题引发的，并且，可以借助心理治疗的方法消除。在大量的临床案例中，不舒适的感受在形成了表象被意识到之后就自动消失了。事实上，从大脑的微观层面来看，这些不适感是由紊乱的神经反射引起的，它说明脑区之间的信息流动不畅，信息上传下达的通路受阻，一些事实被瞒报以致联结不同脑区的神经回路兴奋/抑制失衡，破坏了"感受性"表征系统的正常工作。这种情况在精神医学上非常常见，又被叫作表现为躯体形式的障碍，通俗来讲就是古人常说的，"恙在身，病在脑，通则治"。

3. 表征、心灵与意识

"心灵"听上去并不是科学的，它更倾向于具有一些西式宗教的意味儿。事实上，在"心灵"这个名词被创造出来的那个时代，认知神经科学的发展正处于萌芽。现在，我们知道心灵其实是一个储存记忆的地方，是记忆所在的脑区共同形成的。因此，人们常说"遗忘了的记忆在心灵上留下了一片空白"。如果神经系统只能表征事物但却形成不了记忆就如同一个画家在真空中挥笔作画，这听上去有点可怕。为了更好地理解这部分内容，我想给读者介绍一位在神经科学领域十分著名的人物——戴维。

戴维因大脑双侧颞叶大面积受损，伤及海马和杏仁核等脑部"零件"和一些脑皮质，以致无法形成新的记忆。他仍然有意识，因为，在戴维的大脑中，表征自我的"感受性"系统依然完好。不过，这意味着戴维的自我表征系统似乎只能在真空中挥动画笔了。科研人员让戴维参与"好坏人"实验。在好人实验中，"好人"使用各种方式让戴维感到舒适；在坏人实验中，"坏人"则用各种办法刁难和折磨戴维，使他感到不舒服。实验结束后戴维对这些人和他与这些人之间发生过的事情没有任何记忆。但是，当给戴维出示这些人的照片时，他基本上能区分出对他"好"的人和对他"坏"的人。除此之外，当遭遇坏人时戴维会"下意识"地退缩和迟疑。但是，他并不知道为什么，他并不记得这些人。

　　海马损伤使戴维的大脑无法对在日常生活中表征了的内容形成记忆。于是，那些已经表征的内容就转瞬即逝了。许多人可能发现，他们在生活中也经常有意，或者无意地回避某些人，或者某些情境，他们同样也不知道为什么。但是，他们的情况与戴维的情况是完全不同的。戴维的大脑受到了大面积的毁损，各个脑区的神经元和神经回路都被破坏了，短期或者长期都难以恢复，也无法形成新的记忆。对于大脑未受损的人来说，那些存在于他们心灵某处的空白是被遗忘了的，是由于我在前面介绍的"瘀堵"所致，即，脑区之间的沟通不畅，前额叶决策不良，神经系统兴奋/抑制失衡。对于这些人来说，即便脑功能长期失调可能导致一些脑区，如前额叶、海马等失用性萎缩，但是，他们仍然可以通过科学治疗手段重塑大脑回路，重新唤回被遗忘的记忆。

　　戴维的心灵一片空白，但是，这并不影响他继续生活。虽然他并不记得那些"坏人"，他却会主动回避他们。这种情况涉及生物体的另一套系统，即"做"的系统。这套系统在进化上要早于表征系统，我在前面已经介绍过它。它遵循物理和化学法则运行，虽然"坏人"引发的不舒适感转瞬即逝，但是，它启动了痕迹性反应——

第一章 冰山

回避。这些是我在下面要继续为读者讲述的。

4. 身体、情绪与意识

自我是被生物体的"感受性"表征系统表征了的生物体本身，它包括表征生物体的身体，以及在生物体的身体和身体之内发生的所有事件。无论自我有没有被感知到，它都在述说生命存在这个事实。否定自我就是否定生命的存在，感知不到自我就会使人陷入虚空，这常常会导致抑郁。

生物体的情绪由在生物体的身体内部发生的事件引起，同时，它本身也是发生在生物体身体中的事件。因此，它能够被生物体的自我表征系统表征，它也是自我的一部分。不过，相比表征生物体的体内平衡，表征情绪显然位于更高一级。除此之外，情绪还能够通过表情、言语和肌肉骨骼系统等表现出来被外环境中的客体捕捉到，这是人与人在沟通中经常发生的情况。

抑郁是现代社会中最常见的不良情绪之一，也是这本书第三章中主要关注的情绪之一。抑郁症的患者会习惯性地否定自我，而抑郁情绪又恰恰是自我的一部分，这是非常具有讽刺意味的。但是，它也让我们知道一件事，即，被否定的事实就犹如沉入海底的大船，它一定会在某一天，被不断翻涌的巨浪推出水面，向我们诉说曾经发生了的真相。

（1）体内环境

当细胞膜围起一个世界的时候，生命在地球上诞生了。我们通常把被细胞膜围起来的世界叫作细胞的内环境，细胞要存活就需要维持内环境的稳态。因此，回到稳态的压力被认为是启动痕迹反应的始发动力。生命发展至今，相比单细胞的细胞内环境，复杂生物体的内环境被称作身体的内环境，细胞内环境稳态被称作体内平衡，或者体内环境的稳态。同样，维持体内环境的稳态依然是生命活动的重要目标。

高等生物包括我们人类的体内环境主要是指体液，如血液、组织液、淋巴液等。内环境的稳态就是指体液中各种物质，如激素、氧、酸碱物质、小分子物质等的浓度保持动态平衡。体液是流动的，在生物体的体内发生着的新陈代谢活动，通过流动的体液给体内细胞送去营养物质，并且带走废物。如果身体内的器官，或者细胞出现异常，体液中的物质浓度就会发生变化。这些变化时刻处于我们大脑的监控之下，有时通过类似"恒温器"的装置自发地进行调节，有时会引起我们的注意（如图1-24）。

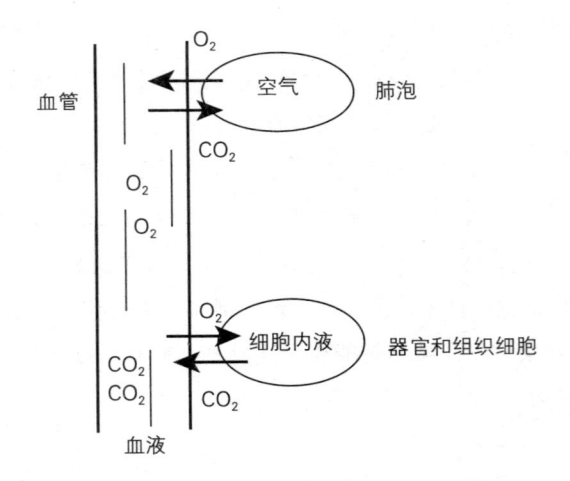

图1-24 体内环境与体内平衡：血液在肺泡处获得氧气，同时排出二氧化碳到肺泡中，继而被呼气呼出到体外。氧气随着血液的流动被释放到身体内其他组织和器官的细胞中给这些细胞提供能量，流动的血液同时从其他的组织和器官细胞中回收它们的代谢废物，如二氧化碳，送到肺泡处排出体外。这些活动在痕迹的调控下自发地进行，血液中的氧气浓度以及二氧化碳浓度在大脑的监测和调控下保持平衡。

第一章 冰山

自我表征就包括表征在生物体的体内环境当中发生着的这些动力学上的事件。不过，表征了的事件并不一定都会进入生物体的"感受性"表征系统的后台被生物体感知到。这就好比，虽然能够进入到我们的双眼中的信号很多，但是，它们并不一定都能经由视觉皮层加工使我们看得见。这与我们主动性的、选择性的注意有关。如果我们不能有选择性地接收信号，就很可能被环境中的大量信息淹没引发精神症状。比如，注意缺陷与多动症状、自闭症等就属于这类情况。一些被选择性注意过滤掉，以致无法被感知到的自我表征在某些状态下，比如，在催眠的状态下，会以表象的形式被意识捕捉到，并且具有调节体内平衡的治疗效果。一般意义上讲，那些在进化中出现的生命机制，在它们最开始出现时，都可以被理解为，是为了参与生命的调节和生物适应的目标。因此，诸如自我、情绪、意识之类当然也不会被排除在外。当然，它们也会被滥用，并且引发混乱，阻碍生命的进程，这一点我会在意识与文明中进一步说明。一些注意到表征系统对发生在躯体上的疾病具有治疗意义的临床医生发展出了"心理意象与可视化"的治疗方法，它曾被作为一种辅助的治疗手段用于临床肿瘤病人的综合治疗方案当中，并且获得过惊人的疗效。对此，我曾在我的第一本心理学著作《催眠人生：催眠治疗学探索》中简要介绍过。

高级生物脑的脑干、下丘脑、某些躯体感觉皮层和岛叶等参与组成"感受性"表征系统。这些部位的毁损会使生物体丧失意识，植物人就属于这类情况；如果阿尔茨海默病患者脑萎缩的范围扩展到这些部位，他们也会逐渐失去意识。这些都说明表征自我是产生意识的先决条件。此外，精神分裂症的患者也经常有自我混乱。可见，他们脑中参与"感受性"表征系统神经回路的脑区也出现了活动紊乱，兴奋/抑制失调。

（2）情绪

我在前面提到过，通常情况下，表征的体内平衡不会总被意识捕捉到。比如，血液中的白细胞对体内状态进行实时监控，时不时地吞噬一些进入体内的异物等。除非出现了像是发热、呼吸浅快、心动过速等引起明显的不舒适感的炎症症状才会引起注意。此外，一些轻微的体内动力学变化被认为可以通过情绪传达。早期的生理心理学家认为情绪是对体内失衡引起的不适感的感受。比如，对体内失衡引起的饥饿感的感受。这说明，情绪是对表征的生物体本身的感受，它是"感受到感受"。因而，情绪属于感受力，它是生物体"感受性"表征系统后台的功能，它涉及的是一些更高级的脑区。不仅如此，情绪也是为着生命调节的目标才会在进化中出现。但是，情绪的地位又十分地尴尬。因为，情绪也并不一定总会被生物体感知到。因此，在某种程度上，情绪也成了可能只是被表征了的存在，它需要更高的感受力去感受到它（如图1-25）。因此，大脑进化到边缘系统也没有停止它的脚步。

既然情绪可以向生物体传达体内失衡的信号，而且，相比进化早期的印象画般的"自我表征"更容易被生物体感知到，并且能够

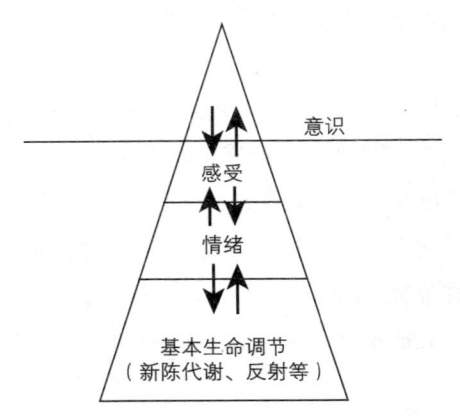

图1-25 生命调节的水平；基本的生命调节反应如新陈代谢、反射等会引发可以被感受到的情绪，最后被意识到；同时，意识、感受和情绪也会自上而下地影响新陈代谢和反射等基本的生命调节。图片来自《感受发生的一切：意识产生中的身体和情绪》，[美]安东尼奥 R·达马西奥著。

第一章　冰山

对它进行反应。因此，情绪一开始产生时也被认为是为了调节生物体的内在状态，维持生物体的生存和延续。与情绪相关的神经回路同样涉及进化上不同等级的脑区，其中包括之前提到的表征自我的脑干、下丘脑以及一些躯体感觉皮层，还有杏仁核、前额叶等。当表征自我的脑区受损时，不仅会使生物体丧失意识，也丧失了情绪。因为，这些脑区也是产生情绪的前台系统。情绪本来就是在表征自我的基础上产生的，我们可以看不懂那些抽象的印象画，但是我们可以弄明白我们自己的情绪。

　　读者可以想象一下，假如在体内发生着的一些动态活动使你想要打呵欠（请注意：打呵欠显然也是某种体内动力学状态引发的痕迹反应），如果这时你恰好坐在你的领导对面听报告，你可能想要努力地阻止自己打呵欠。否则，你可能会被认为是过于不拘小节。请尝试一下你是不是能做到这一点。如果你真的做到了，你的感受如何？不过，相比阻止自己打呵欠来说，压抑情绪可能要更加容易。但是，无论是打呵欠还是情绪，它们都是发生在我们的内脏和内环境中的动力学事件引发的、自动化的痕迹反应，它们是提供给生物体指向生存的反应和行为。也就是说，强制性地阻止这些反应和行为就相当于是在对抗重回体内稳态的压力，是在对抗自己的生命行为，在击打自己。它不仅会引发身体疾病，还会引发精神疾病。举个例子，贪食症的患者因为长期压抑情绪导致体内环境失衡，这种生理性的不平衡引发了类似饥饿的感觉。于是，她们总是需要吃东西。不仅如此，一些贪食症的患者又十分地在意自己的形象，贪食引起的身体发胖和走样会使她们对自己的感觉更不好。因此，他们经常会在吃了许多东西之后使用催吐剂，或者导泻剂等把吃下去的东西人为地强制排出。如此反复，以致最后连身体也衰弱不堪。

5. 反射、动作与意识

这里我还要提一下变形虫，读者可能不太了解它。但是，它的确很受生物学研究领域的学者们的欢迎。而且，它对帮助人类了解早期生命现象做出了许多的贡献。变形虫在活动的时候，它的细胞膜会突出，伸出"伪足"（如图1-26上半部分）；在捕捉草履虫的时候，它的细胞膜会内陷（如图1-26下半部分）。如果草履虫非常难搞，变形虫还会根据草履虫的逃跑路径变形，直到把它完全包围，并且消化掉。如果哪位读者在显微镜下见过变形虫的捕食过程，很可能会被眼前发生着的情形误导，相信变形虫的捕食行为是它的"有意为之"。但是，关于这一点我在前面已经介绍过，它仅仅是一种反应。它还算不上反射，更不能说是一种有意的动作了。

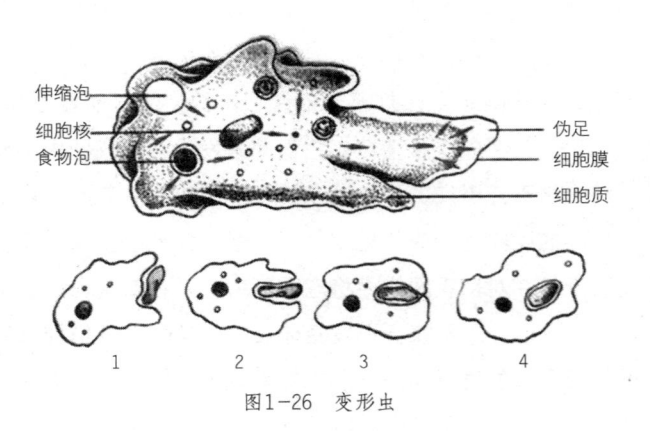

图1-26 变形虫

反射是生物体的神经系统回应外界刺激的一种方式，它也是痕迹引发的反应，它被认为是大脑的学习，尤其是动作学习的基础。通常情况下，完成一个反射需要完整的反射弧。高级神经系统中的完整的反射弧由感受器、传入神经纤维、中间神经元、传出神经纤维和效应器组成（如图1-27）。我给读者举个简单的例子：

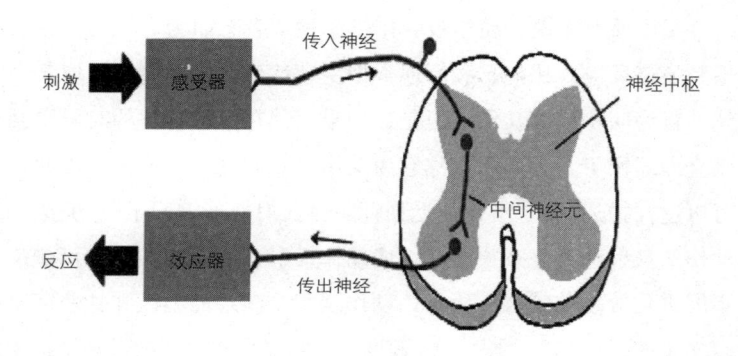

图1-27 反射弧模式图

在我们关门时手不小心被门夹住的时候就会下意识地迅速将手缩回，这个过程是通过一个完整的反射弧来完成的。位于这个反射弧上的感受器就是分布在我们的手指皮肤上专门感受伤害刺激的神经末梢；传入神经纤维就是将伤害刺激信号转换成电信号并将电信号传递到神经中枢的神经轴突；中间神经元位于神经中枢，如脑和脊髓，它接受传入神经纤维的信号并通过传出神经纤维向手臂上的肌肉，即效应器发送动作指令引起肌肉收缩。于是，我们的手就反射性地缩回了。

反射当然也与体内调节有关，打呵欠就是一种反射，刚出生的婴儿也已经具有了许多帮助它们应付早期生存事件的反射。此外，各种类型的反射还与大脑中引发情绪的神经回路发生联结，形成情绪——反射神经回路，共同参与帮助生物体指向生存的反应。比如，著名的"戴维"案例就是这样一种情况。虽然，戴维因为杏仁核/海马等处的损伤已经不能记起任何人和任何事，但是，在与"坏人"相处时发展出的不舒适的感受不仅能让戴维"指认"出坏人，还会引发痕迹性的"回避"反应；另外，由死亡恐惧引发的战斗—逃跑反应也属于这类情况。

大脑与我们：摆脱绝望，走出怪圈

相比反射来说，动作被看作是一种"有意而为之"的行为，而不是痕迹反应。比如，我们通常把主动性地伸出手臂去抓取某个物体的行为叫作抓取动作。但是，如果手臂在抓取物件的时候受到针刺立即缩回了，我们不会称它为动作，我们称它为反射。因此，也可以这样描述它，"手臂在受到针刺时反射性地缩回了"。完成一个动作的反射弧要复杂得多，组成动作反射弧的中间神经元可能位于不同进化等级的脑区。而且，动作越复杂涉及的脑区和神经回路就越多（如图1-28）。此外，读者也可以回忆我在大脑的微观结构中图1-8中描述的情况。

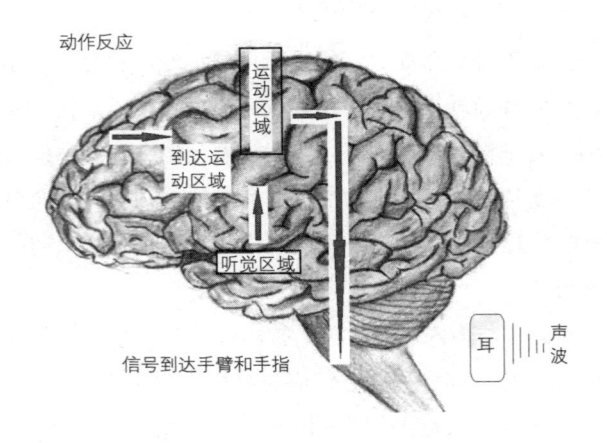

图1-28 日常生活、反射弧与大脑；图中呈现的反射弧是听觉—动作反射弧，双耳的感受器接收声信号（如，晨起的闹铃声），传入神经将声信号传递到位于颞叶的听觉中枢中的神经元，经过大脑综合加工之后，到达运动区域，之后由运动皮层区域发出运动指令，传出神经经过脑干与脊髓将信息传递到手臂和手指，引发关闭闹铃的动作。铃声停止反馈给大脑，即动作已经被准确执行。

第一章 冰山

通常情况下，痕迹引发的神经反射被称作程序性的反应。因为，它在发生时遵循一定的程序。这些程序性的反应被普遍认为是在生物体长期的进化过程中被优选出来保留在基因当中的，具有适应性，并有助于生存的反应。此外，一些经常发生，或者通过反复的训练已经转变成生物体的自动化的习惯反应，或者熟练动作也被认为是程序性的。管理这些已经形成程序的自动化反应，如反射、习惯反应，或者熟练动作的脑区通常被认为主要在基底神经节（如图1-20，第一节）。基底神经节位于进化早期形成的爬行动物脑，它受到破坏就会使生物体出现运动障碍；此外，其他一些脑区如脑干、小脑和运动皮层也参与调节运动反应。通常认为，在语言与意识产生之前，反射、情绪和动作，包括从喉咙中发出声音等，是低等动物们用来帮助他们调节体内平衡的主要手段。

6. 专注力

看看现在国内外线上和线下到处充斥的"专注力训练"的商业广告就知道，专注力可能也如同幸福、平静等被列入了奢侈品的清单。除此之外，不断攀升的感觉统合失调儿童的患病率，儿童和成人注意缺陷与多动障碍（ADHD）的患病率，以及自闭症、孤独症儿童的患病率等似乎也印证了这一点。不过，这些并不是我要在这里介绍专注力的根本原因，我介绍专注力主要源于"专注"是贯穿生命体乃至大脑进化始终的重要成分，与产生意识密切相关。

生命体最早表现出的类似于专注的活动还是要从变形虫说起，我建议不了解变形虫的读者去网络上搜索一下变形虫捕食草履虫的小视频。你会看见一个巨大的细胞在专注地捕食另外一个小的细胞。不过，是无知无觉的。这些专注的痕迹反应基本上是在外环境刺激生物体导致生物体体内平衡发生动力学变化时，由重回体内稳态的压力引发的。如果一个细胞不能经常专注于保持细胞内平衡，这恐怕就是致命的。

专注力是神经系统的功能，是生物体在进化中演化出了表征系统之后才出现的。它是对专注的表征，即专注于专注的能力。就如同我在前面所说的感受力一样，它同样是大脑的高级功能，是表征系统后台的职责。一般来说，高等生物体的专注力主要是指：它们可以根据需要自主地选择进入注意系统并投入互动的客体，同时拒绝其他的客体。并且，在投入的过程中自动化地处理由互动的客体，以及某些噪音引起的各类感受。专注力是高等动物的主动性行为。

我在前面介绍过，表征系统的前台通过"感受性"表征主体自我；通过各种感觉器官，如眼球、双耳、鼻子、舌头以及一些分布于其他器官与组织，比如皮肤上的感觉末梢表征存在于外环境中的各种刺激，即客体。表征系统的后台表征主、客体在互动之中的关系。专注力通常发生在生物体表征主、客体之间的关系当中，它位于感受力之上。我们可以把专注力比作是处理代表主体的甲方与代表客体的乙方之间各类事务的第三方。就像假如第三方出现问题会使甲方和乙方的合作出现混乱一样，如果与形成专注力有关的脑区出现发育问题，或者遭到损毁就会使生物体与外环境之间的互动发生紊乱。举个例子，一个不成文的合同会使要签订合同的甲乙双方难以合作，如果"合同事宜"使甲乙双方"闹掰了"，其中一方可能会因不良的合作体验从此拒绝另一方，不再与另一方合作。自闭症、孤独症的患者几乎不能与他们周围的环境互动就与这种情况类似。在这些患者的大脑中，与专注力有关的脑区发育不良。这使他们作为主体在与客体互动的时候常常感到混乱与不适。一些经过坚持不懈的训练最终能够表达自我的自闭症患者曾经告诉神经科学的研究者（请参考本章后附录：《请向我架一座桥梁》），他们对来自外界的刺激，尤其是人的脸部、眼睛和嘴等的刺激感受太强烈，这让他们极度的不舒适。因此，这些患者的大脑自动发展出了帮助他们保存自我的自闭回路，即，用极端化的拒绝的方式避免被大量的信息淹没。事实上，这些"自闭式"的反应被认为是更多地来自痕迹。因此，它们属于进化早期的反应，更多地涉及低位脑区的功能，并不具有社会适应性。

一般来说，当生物体遭遇外环境中的各类信号刺激时就会激活位于生物体大脑中的"自我"表征系统。因为，这些外界刺激引发了可以被生物体感受到的体内动力学上的变化（如图1-29）。通常情况下，高等生物体可以通过由"低等"脑区管理的痕迹反应和由"高等"脑区管理的更具社会性的反应来应对这些体内动力学上的变化，重回体内平衡。但是，对于大脑发育不良，或者尚未发育完好的儿童来说，太过强烈的感受是非常不利的。在不适当的养育环境

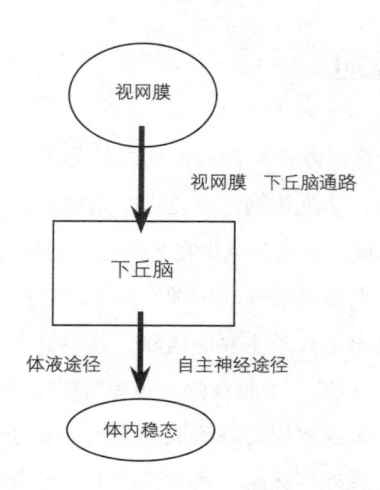

图1-29 视网膜—下丘脑通路；视觉刺激可以通过此途径引发体内环境变化，因此，人们常常主动寻求那些能够给它们带来舒适感的视觉刺激，避免不适的视觉刺激。

中，这些不良的体验会迫使它们未成熟的大脑发展出不得已的"权宜"回路，使儿童表现出许多适应不良的特殊行为，以及引发各种临床精神症状等。

与自闭症患者类似，临床表现出注意缺陷与多动的儿童与成人也经常饱受被大量信息淹没的折磨。这些人的内在体验也异常丰富。但是，他们并不表现为隔绝外界信息的自闭。相反，他们是对信息过度反应。事实上，无论自闭还是多动，这些患者的专注力系统大都是功能不良的。这些患者的大脑既无法自主地选择进入注意系统的客体，也不能自动化地调谐在主—客体的互动当中，由客体引发的各类体验与身体反应。因此，我在过去的几年当中使用训练专注力的方法治疗一些多动和自闭倾向的儿童，它被证实是有效的。在治疗之后，这些儿童不仅学业成绩提高了，而且面对环境也更加从容和稳定。

二、意识与文明

文明是在什么时候产生的呢？这显然是历史学和社会学领域的研究范畴。但是，从生物脑的进化这个角度来说，文明的产生显然要晚于意识的出现。而且，至少在大脑已经进化到高于哺乳动物脑，也就是新皮质，尤其是前额叶出现之后才产生的。大脑中的神经回路在进化中演化出了几条主要的通路，其中一个是上行通路和下行通路（图1-30）；另外一个是背侧通路和腹侧通路（图1-31）。其中，根据它们走行于大脑皮层的外侧或者内侧，又分为背内侧、背外侧通路和腹内侧、腹外侧通路。通常情况下，走行于内侧和腹侧的通路主要与感受活动，也即我们的情绪和情感相关；走行于外侧和背侧的通路主要与思维活动，也即我们的理性有关。但是，这并不是

第一章 冰山

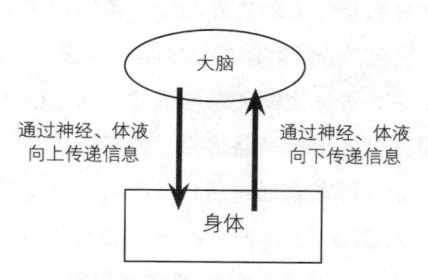

```
        大脑
    ↑        ↓
通过神经、体液   通过神经、体液
向上传递信息    向下传递信息
        身体
```

身体内环境、器官和组织、
肌肉和骨骼等

图1-30 上行通路和下行通路；向上的通路将大脑之外的身体各部分信号传递到大脑，包括身体内环境中的各种信号、身体内各器官和组织的信号、肌肉和骨骼系统的信号等，上行通路传导的通常是感觉信号；下行通路将大脑整合各部分来源的信息之后发出的指令传递到相应的各个部位，下行通路传导的通常是运动信号。上行通路和下行通路共同构成脑—身体的反馈回路。

背内侧
背外侧
腹内侧
腹外侧

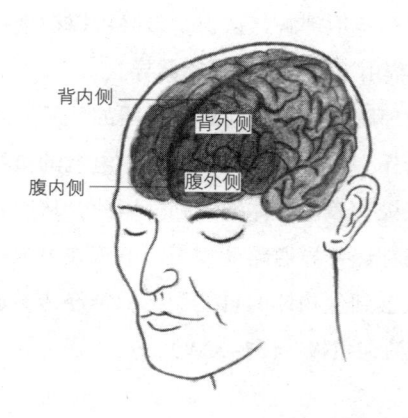

图1-31 前额叶皮层的四个神经通路。

- 083 -

绝对的。上行通路将位于大脑之外的信号传递到大脑，这些信号主要是感觉信号。它包括表征客体的感觉信号和表征主体的"感受性"信号，以及表征主、客体之间关系的信号。这些信号多经由走行于大脑腹内侧和背外侧的上行通路传导，最终可以到达前额叶。这个过程有点类似于企业的前台通过后台系统将信息上传到CEO处。下行通路通常是将大脑CEO，即前额叶下达的指令传递到身体的各个执行部位，如肌肉骨骼系统、各个器官和组织等等。这些"指令"信号也多通过走行于大脑腹内侧和背外侧的下行通路传导。这个过程有点类似于企业CEO下达的指令通过后台系统传递到前台。

  我在前面介绍过，"感受性"表征系统表征的自我，包括情绪，并不一定经常会被意识到。但是，只有那些被生物体感受到的感受和情绪才有可能走进生物体的意识。这有点类似于一个印象派画家已经画好了印象画，但是并无人问津。这些印象画不得不需要借由一个"经纪公司"的帮助才能进入公众的视野一样。从感受→感受到→意识的过程由上行的神经通路传导。被生物体意识到的感受才能够有机会被进一步地理解与认识，最终可以被期待用文明的方式去表达，这一过程由下行的神经通路传导。

  为了更好地理解神经传导通路与文明的关系，我们可以把进化早期的生物体看作一节有正负极的电池。电池的负极代表生物体的身体，电池的正极代表生物体的大脑。因此，从生物体的身体到大脑的自下而上的神经传导通路就相当于电流在电池的内部由负极流向正极；而从大脑到生物体的自上而下的神经传导通路相当于电流经由导线从正极流向负极（图1-32A）。

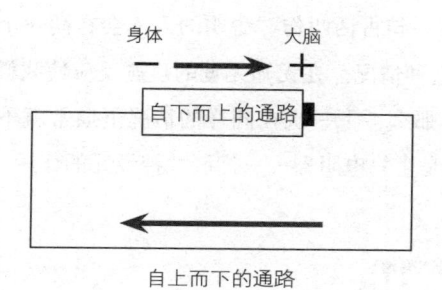

图1-32A　身体—大脑回路

　　这两条通路在生物体的身体和大脑之间形成了闭合的反馈环，使生物体内部的信息与外部的信息可以实现反馈性的沟通。但是，如同电路上没有开关或者电阻器就会引发短路烧坏电池和导线，如果生物体只能无知无觉地对外界刺激进行反应就会使生命体很快因耗竭而死亡。因此，我们看到，高级生命在不断的进化过程中，在上行和下行两条通路的闭合反馈环上演化出了许多的"电阻器"和"开关"。对于生物体的神经系统来说，这些电阻器和开关指代的就是具有抑制性作用和/或延迟性作用的中间神经元（图1-32B、

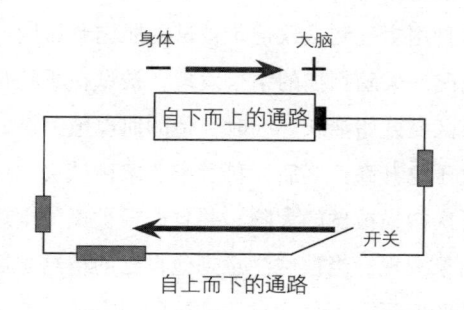

图1-32B　身体—大脑回路；生物体在进化发展中，在身体—大脑回路上发展出了具有电阻器和开关作用的抑制性神经系统。

1-32C）。中国有一句古话叫作"聪明的人不会在同一个地方摔倒两次"，说的就是这种情况。在无知无觉的痕迹反应使我们在某处摔了个大跟头之后，那么，下一次在同样的情况下通常就不会立刻引发痕迹反应。这就是生物电阻器——抑制性神经元的作用。

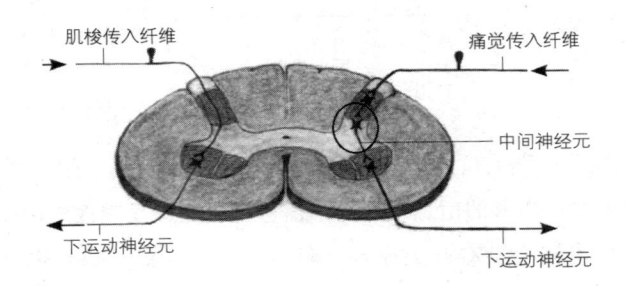

图1-32C　神经回路中的中间神经元；图中用圆圈圈起的神经元就是中间神经元，它具有电阻器的作用，回忆一下我们的妈妈常说的，"做事之前要先过过脑子"。在行动之前过脑子就是中间神经元的作用。

　　认知神经科学家曾经做过一个实验。在实验中，科学家告诉一位被试过一会儿要电击他。之后，科学家用大脑扫描仪扫描这名被试的大脑，并且用生理测量仪记录被试的肌肉紧张度、心率、呼吸频率和血压情况。大脑扫描的结果发现，被试在听到自己要受到电击之后杏仁核区域开始活跃。同时，他的肌电值升高，心率和呼吸频率加快，血压也升高。之后，科学家要求被试去"注意到"他自己的情绪，再次扫描被试的大脑，并且记录被试的生理反应。再次扫描大脑的结果发现，当被试注意到他自己的情绪之后，大脑中杏仁核区域的活跃度下降了。而且，被试的肌电值、心率、呼吸和血压也下降了。

　　在这个实验中我们看到，与不良情绪相关的各种生理反应程度

第一章　冰山

在情绪被注意到之后就减轻了。这说明意识到"感受"，即主动性地去感知，本身就具有缓冲器的作用。事实上，意识到"感受"相当于在刺激与反应的回路之间安放了一个电阻器，这就使单纯的痕迹性反应和反射受到了来自高级大脑皮层的抑制。在这种情况之下，相比由无知无觉地被不良情绪唤醒的强烈的生理反应引发"冲动性"的痕迹反应，在这些强烈的生理反应经由"被意识"而"被缓冲"之后，生物体就更有可能做出具有文明倾向的反应。

在许多层面上，抑制性中间神经元，或者能够发送抑制性信号的高级皮层的出现被认为对社群文明的产生与发展具有推动的作用。这是因为，它们可以抑制由无知无觉的痕迹引发的冲动的、丧失理智的野蛮行为。举个例子，在神经回路上演化出这些"生物电阻器"之后，恐惧就不再仅仅能够引发生物体的战斗—逃跑反应了。相反，生物体在面对恐惧的时候也有了更多的选择。显然，这在进化上具有积极的意义。但是，就如同海马—杏仁核，抑制性神经元也是双刃剑，它们也面临着被滥用的可能。

读者可能还记得我在"大脑的可塑性"中提到的"信念的自我实现"，在那里我介绍了"自上而下"的加工。限制性的信念通过"自上而下"的方式建构大脑中的神经回路，这些神经回路被建构起来之后就会"瘫痪"其他的神经回路。它们不但会控制信息"自下而上"传导的要道，阻塞和扭曲其他神经回路"自下而上"传导的信息，比如一些感官经验、内在状态信息等；还会通过"自上而下"的通路强行给生物体的前台戴上有色眼镜，强制它们执行各种指令。这种情况与一些科幻故事中描述的给大脑装上可以催眠并控制人类五感的芯片类似。此外，一些笃信宗教的人、信奉灵修的人和修炼气功的人用意念操纵自己的身体体验也属于这类情况。事实上，这些操作经常会扰乱高级生物体具有的重要的现实检验的能力，使操作者出现幻觉、妄想等精神症状。不仅如此，限制性信念还如同我们在日常生活中遭遇到的那些喜好控制别人的人。这些人独断专行，习惯于"自上而下"地向别人发号施令，而且不容置疑。他们既不会"自下而上"地听取别人的建议，也不会面对现实。而且，十分糟糕的是，限制性信念就住在大脑CEO的办公室中……

附录

∽ 请向我架一座桥梁 ∽

我知道你与我从来都不一样，
深夜，我曾仰望星空，想知道哪颗星是我的故乡。
因为你就像来自另一个星球，而我永远不知道你的星球怎样。
除非向我架一座桥梁，架一座爱的桥梁，连接你的心，我的心。

我多渴望有一天，你对我微笑，
是因为你看到，我变幻莫测的眼神中，
原本的那一丝端庄与聪慧之光。
我领略过他人误解的目光，却不知做错了什么。
向我架一座桥梁吧，不要让我等待太长。

我生活在恐惧的边缘。
耳旁的私语像雷一般鸣响。
我每天都在躲藏。
我只是想让恐惧快些消散。

第一章 冰山

我多么渴望融入你的世界。

我多么渴望突破这可怕的阻隔。

我多么渴望那座通向你我内心的桥梁。

到那时,我们就会心心相通,永不分离。

请向我架一座桥梁,即便它再小,也会连接我们爱的心房。

——节选自托马斯·麦基恩,1994. 光明即将来临:一名孤独症患者的内心独白[M]. 得克萨斯州阿灵顿:Future Horizons

参考文献

卡尔森,2016. 生理心理学:走进行为神经科学的世界[M]. 苏彦捷等译. 北京:中国轻工业出版社.

沃尔特·J. 亨德曼,2019. 功能神经解剖图谱[M]. 李锐,许杰华,李晓青主译. 西安:世界图书出版西安有限公司.

费尔腾等原著,2006. 奈特人体神经解剖彩色图谱[M]. 崔益群主译. 北京:人民卫生出版社.

赵铁建,2012. 神经生理学[M]. 北京:人民卫生出版社.

尹文刚,2007. 神经心理学[M]. 北京:科学出版社.

迪尔茨,2008. 语言的魔力[M]. 谭洪岗译. 北京:世界图书出版公司北京公司.

道伊奇,2015. 重塑大脑,重塑人生[M]. 洪兰译. 北京:机械工业出版社.

达马西奥,2007. 感受发生的一切:意识产生中的身体和情绪[M]. 杨韶刚译. 北京:教育科学出版社.

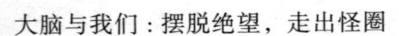

亚历克斯·科布,2018.重塑大脑回路:如何借助神经科学走出抑郁症[M].周涛译.北京:机械工业出版社.

艾伦·亚克,葆拉·亚居拉,雪莉·萨顿,2020.感觉统合:孤独症及其他广泛性发育障碍儿童的治疗[M].贾美香等主译.沈阳:辽宁科学技术出版社.

罗伯特·费尔德曼,2017.发展心理学[M].苏彦捷,邹丹等译.北京:世界图书出版公司北京公司.

戈尔茨坦,2015.认知心理学:心智、研究与你的生活[M].张明等译.北京:中国轻工业出版社.

希科克,2016.神秘的镜像神经元[M].李婷燕译.杭州:浙江人民出版社.

于松,吕姣.人类朊蛋白病研究进展及临床诊治展望[J].当代医学,2019,25(8):185-186.

第二章

怪圈

> 每一个目标,我都要它停留在我眼前,从第一线曙光出现开始,一直保留,慢慢展开,直到整个大地一片光明为止。
>
> ——艾萨克·牛顿

当看到"怪圈"这个词的时候,读者会想到什么呢?你曾经意识到在你的身边发生了什么奇怪的事情吗?你遇见过一些让你摸不着头脑的事情吗?又或者是一些令你感到震惊、不可置信和不可思议的事情吗?有些事情可能就如同我们在某些影视剧中看到的那样,比如,一个人一觉醒来之后发现莫名其妙地来到了一个陌生的地方,与他过去有关的一切好像突然就无声无息地消失不见了。这个人在陌生的地方待上一阵子之后,甚至渐渐发觉,他越来越无法确定他是不是真实的,等等。此外,还有那些曾经为人们所津津乐道的麦田怪圈……无论如何,这些都可能与一些奇妙莫测的事物有关。它们时而会引发一些人的好奇心和求知欲,激发人们丰富的想象力和创造力,时而会无情地吞噬那些深夜在海边玩耍、洗澡的人……不管大家心中的怪圈是什么,我都希望这一章会给想要使用新的思维方式来认识自己和生活的人们提供一些有启发、有价值的视角。

第二章　怪圈

第一节　命定

　　曾经在我的字典里并没有"命运"这两个字，"命运"第一次出现在我的世界是因为一部电影和里面的插曲。我现在再次想到那部电影是因为我要写作以"命运"为主题的内容。那部电影的名字我早就已经遗忘了，只是记得电影中的男、女主角各自在生活中遭遇不幸。相似的遭遇使他们成了亲密的朋友，他们发誓要一起改变命运，电影中在这一刻响起了著名作曲家贝多芬的《命运交响曲》……

　　"命运"最终被写进我的字典是因为我自己在生活中也遭遇到了许多的坎坷。它们曾经让我怀疑过自己，甚至否定过自己。我也曾经喜欢过一些玄妙奇幻之类的事物，喜欢看占星网站里面的内容，用塔罗牌做占卜，登录互联网上的算命平台，等等。但是，直到我在工作和生活中的所见所闻如同海上的浪潮般把我推向了命运之岛，我才开始对它产生好奇。而且，我希望能在这个四面环海的岛屿上寻到宝物。于是，我日夜勘察、挖掘，并细细研究。不过，相对于庞大的命运之岛来说，我实在是太渺小了，即使我倾尽全力窥见的也只是一隅。但是，我仍然想要在这本书里跟读者分享一些小宝贝，它们被展示如下：

一、神秘的概率

我想知道当一个小婴孩儿呱呱坠地的时候，它的未来有多少概率成为像牛顿、爱因斯坦这样名垂青史的科学家，又有多少概率成为一个盗贼，或者是乞丐？我曾经看过一个美国轶事，里面说的是一个快乐的乞丐。那个乞丐与其他的乞丐不同，因为他很快乐。有人问他做乞丐怎么会这么快乐，他回答说因为做乞丐是他的梦想，他已经实现了他的梦想。这位乞丐说在他小的时候，有一位乞丐路过他家的门口，他的妈妈看到那个乞丐之后心生怜悯，于是送给了那个乞丐一个家里刚刚做好的馅饼。就在那个乞丐转身离开的时候，他突然感到做个乞丐真的是太幸福了，于是长大后他自己也成了一个"幸福的乞丐"。

看完这段小轶事，我不知道读者是不是会好奇，如果这个人在他的童年时代没有遇见那个乞丐，他还会不会成为一个乞丐？一个人童年时在家门口遇见乞丐的概率有多大？遇见乞丐，并且成为乞丐的概率又有多少？……现在你可以放下思考"乞丐"这件事，回顾一下你的生活。你可以思考一下你在茫茫人海中遇见你现在的伴侣的概率是多少？你与某位异性结为夫妻的概率有多大？你爱上一个偏执狂，并且在你们的关系中备受屈辱与挫折的概率是多少？还有你被朋友背叛的概率，你被强烈地嫉妒和下套儿的概率，你酗酒和吸毒的概率，以及你患上精神病和癌症的概率，等等。

最精明的数学家可能也无法计算出这么多的概率。而且，即便计算出这些概率，无论是计算公式，还是最终得出的结果都很可能只是被陈列在某个数学博物馆里的某个展架上，成为一种美观的，

第二章 怪圈

而且非常具有观赏价值的形态。不过，概率及人们对概率的敬畏的确催生了一种职业，这就是在中国的市井当中十分常见和流行的算命业，或者"看事儿"业等。很多人在人生一直不如意的时候，或者在一些重要的人生关头想去"找人给看一下"，或者"找人给算一下"。对于前者，他们或许想要知道自己为什么会一直不如意，并且期望有人指点迷津；对于后者，他们可能对自己信心不足，不想因为抉择错误抱憾终生。此外，还有一些来自西方国家的算命方法，如占星术和用塔罗牌进行占卜等等。

曾经有一位遭遇婚姻危机的抑郁症患者告诉我，婚姻使他非常痛苦，因为妻子总是在晚上睡觉前兴致勃勃地与一位在工作中与她产生情愫的男客户聊天，并且还让患者允许她这么做。妻子告诉他，她会想办法处理好这种不正当的暧昧关系，她需要的只是时间。这个患者因为这件事去找过一位算命先生，问算命先生他的婚姻还能维持多久，他怎么下不了决心与他的妻子离婚？算命先生给他的回答就是"姻缘未尽"。

有的人一直在逼自己做并不喜欢的事情，不敢尝试改变；有的人害怕在公众面前演讲，尽量拒绝和回避所有可能不得不做这类事情的工作和职位；有的人总是与不讲诚信，而且会在私底下搞破坏的人成为朋友，并且常常在重要的时刻遭到背叛；还有的人不敢一个人睡觉；等等。在追其原因的时候，一个个概率逐渐浮出水面，请看下面几个例子。

例一：司马先生一直不开心，他不喜欢他的工作。但是，他又不知道自己可以做什么。他总是觉得好像有什么东西在阻挡着他，使他没有办法去追求自己想要的东西。而且，每当他想到换工作的时候就会感到挫折和些许恐惧，但是他并不知道为什么。

心理治疗专家指导司马先生使用挫折和恐惧的感觉作为桥梁，通过自由联想回顾他的童年，这让司马先生记起了一件事情。在司马先生6岁的时候，他曾经在正要跳下水坝去捡一个掉落的小球时被他的妈妈拽住了。他的妈妈在那个时候狠狠地教训了"不知天高地厚"的司马先生。司马先生已经不记得他的妈妈在那时跟他说了什么，只记得他在做自己想做的事情时被阻止，被教训，而且感觉十分不好。

例二：诸葛女士非常害怕在公众面前讲话，她为此放弃了许多升迁的机会。因为，成为领导就意味着经常要在下属面前讲话。诸葛女士意识到这个问题限制了自己的职业发展之后，就找到了心理治疗专家。在专家的帮助下她回忆起青春期发生的一件事，那时她报名参加了一个演讲比赛。为了能够表现出色，她着实花了不少的心思，做了不少的练习。她期盼自己能被一位她十分在意的老师认可和赞美。可是，事实上，她在台上做演讲的时候，那位老师一直坐在教室的后面忍俊不禁。诸葛女士已经不记得自己在台上说了些什么了，只记得她羞愧得满脸通红，而且一直在发热。那个时候，她相信台上的自己就是个不折不扣的大傻瓜。

例三：工藤先生曾经一直对自己的朋友深信不疑，他对自己的朋友掏心掏肺，真诚地与他们相处。但是，他已经不止一次地在重要的时刻被他信任的朋友抛弃和背叛。为此他曾经找过一个信奉基督的算命先生。那位先生看出他正遭受着被"杀父夺妻"般的痛苦和愤怒，认为他需要去前世寻根。

工藤先生后来找到了一位心理专家，在与心理专家的共同努力之下，他发现了他好像总是希望被朋友接纳。在工藤先生6岁那年，

第二章 怪圈

有一次他跟一位朋友坐在校园的小石头凳子上交谈。可是，不知道什么原因，也不知道他说了什么，工藤先生这位十分要好的朋友突然间就以迅雷不及掩耳之势，与几乎是全班的同学手搭手形成人墙一起嘲笑他……后来，工藤先生不得不讨好那个朋友才使这次风波平息下来。在小学还未毕业的时候，工藤先生就一声不响地转学了，他用"抛弃"去惩罚曾经嘲笑过他的朋友。

例四：东方秀一已经12岁了。但是，他特别害怕自己一个人睡觉，他害怕自己会在睡觉的时候被杀死。因此，每次上床睡觉的时候他就会感到焦虑不安。但是，他不敢跟他的父母说这件事，他害怕父母数落他。而且，他也不知道自己为什么会这样，他比任何人都讨厌这样的自己。

因为睡不好觉和害怕，东方秀一的学习成绩开始下滑。于是，他的父母就带他看了心理专家。事情被追溯到了他的童年。有一次，他的父母在晚上的时候一起外出办事，把秀一自己锁在家中。当时，秀一在网络上冲浪的时候看见了一些可怕的报道，使他感到十分地害怕。

还有其他许多类似的情况不胜枚举。比如，欧阳女士害怕体验性高潮。因为她第一次跟男朋友亲密，正感到如梦如幻的时候，被突然出现的父亲骂作"婊子"。南宫奶奶因为女儿没有按照约定来接她去洗澡后精神分裂了。而且，在疯疯癫癫一年之后就归西了。西门先生无法相信任何人，因为在6岁时父亲看见他被一只小猫抓伤却哈哈大笑。宇文女士也觉得任何人都不可信，因为她被小朋友欺负哭着跑回家时，被妈妈骂作"废物"。公孙女士恐惧乘坐公共交通工具，因为她曾经在乘公共汽车时发现她十分信任的男友和她的好朋友在街边亲密……我列举这些例子并不是想要告诉读者，每个人都会因为被童年或者成年后概率发生的某个经历套住而"搭上"一生。但是，即使遗传上有99%以上的相似度的同卵双生子的命运也会因发生在他们各自生活中的一个个概率而不同。

当那些看似概率的事情一件一件地发生时，它们就仿佛一颗颗"纯美的"珍珠被一条看不见的丝线串起来一般。不仅如此，还会有一只神秘的大手在许多看似不经意的时刻，往这条命运的主线上穿起下一颗看起来十分一致，而且匹配它的珍珠。

日本著名漫画家宫崎骏的吉卜力工作室曾经出品了一部十分经典的作品——《记忆中的玛妮》（如图2-1）。玛妮的父母是欧美人，他们在日本买了一栋三层豪华大别墅。玛妮常年与两位年轻的女佣人和一位监管她的女管家住在那里，很少见到父母。玛妮的父母通常在宴请商业上有往来的朋友到别墅聚会的时候慰问一下玛妮，这使她不得不过着仿佛被父母抛弃了一般的生活，而且经常被仆人和女管家虐待，感到十分寂寞。

图2-1　《记忆中的玛妮》

第二章 怪圈

玛妮长大后与一直支持她、爱她的青梅竹马结婚了,她以为自己将从此获得幸福。但是,她的爱人在她生下可爱的女儿之后不久就病逝了,玛妮也因为太过悲伤无法继续抚养女儿,不得不将女儿送到一所寄宿学校。故事的情节发展到这里,我们看到,玛妮的女儿也遭到了与童年的玛妮相似的待遇,即与父母分离。但是,与玛妮不怨恨父母不同,她的女儿十分地恨玛妮。后来,玛妮的女儿在一次与玛妮的激烈争吵之后与男友一起离家出走了。而且,不幸的是,她在生下自己的女儿之后,与男友一起丧身车祸。玛妮在听到这个噩耗后决定要代替死去的女儿好好照顾外孙女。可是,她却因过度悲伤病逝。于是,她的外孙女也被迫与亲人分离了……

故事中玛妮的遭遇看起来有些戏剧化,但它并不是特例。相反,它是现实生活中许许多多人的遭遇的一个缩影。乍看之下,玛妮的不幸遭遇是由一个个概率造成的。事实上,那些概率可能早就不知在什么时候已经无知无觉地发展成了必然。请看下面的例子:

例一:上官女士患有抑郁症和阅读障碍,她的妈妈在她出生之后就患上了产后抑郁,她极力地忽视上官女士。在早年,妈妈给上官女士的感觉几乎只有空虚、单调的恐惧感。上官女士在上小学前一直跟着姥姥生活。在上官女士上到小学六年级的时候,姥姥去世了,她不愿意相信这件事。但是,上官女士的大姨为了让她认清事实,在上官女士读书的时候,指着书中的一个"死"字强迫她接受事实。上初中的时候,上官女士的成绩较差,老师当着全班同学的面说她是个没有希望和未来的人。

例二:端木女士曾经生活得顺风顺水,不过骨折之后她的生活几乎完全反转了。她因为走路不方便而懒于运动,结果不到半年就胖了好几十斤，每个见到她的家人和朋友都反复数落她又胖又难看。端木女士自己也自暴自弃，控制不住地吃东西，而且她因为自己的"丑陋"不敢照镜子。不久之后，端木女士就患上了惊恐障碍，每个让她感到逃不掉的场合都会引发惊恐发作。比如，在理发店头上被打上发蜡之后，任何脚离地的场合，以及有特殊气味的地下停车场等（注：惊恐障碍是一种由失控感引发的死亡恐惧，它们常常由患者失控的生活引发，并通过联想被不断扩大，直至患者被恐惧淹没）。被生活压垮的端木女士患上了惊恐障碍之后，对自己的生活更加无法把握了。

例三：慕容先生有轻微的抽动、惊恐和哮喘症。他在只能睡婴儿车的年龄从车上滚落到地上，而且很长时间没有被家人发现；他在童年的时候发生了两次意外，一次是从滑梯上摔落下来，一次是被摩托车撞倒，这两次都没有家人在身边。他在这几次事故之后就开始抽动了。慕容先生十几岁的时候，还曾经被困于电梯中，仍然是自己一个人。

很多人发现，在他们回忆过往的时候，那些曾经经历过的概率片段一个个出现，然后又消失了。不仅如此，即使一些能回忆起的片段，我们对它们的记忆也是不完整的，它们可能是一些表情，一些眼神，一些语气、语调，一些身姿，或者是一些使我们非常不舒服的感受等。一开始，我们可能完全不知道，每次在回忆往事的时候都浮现在脑海中的那些存在于记忆里的碎片究竟对我们有什么意义。事实上，它们正是串在我们命运之线上的珍珠。而且，在几颗珍珠被连续串起之后，我们就会被无知无觉地推动，自动地依照已经存在的珍珠的模样去寻找下一颗珍珠串到其上。一旦这个自动过

第二章 怪圈

程在无知无觉的情况下被启动，起初发生的概率就会变成必然会发生的概率，偶然就会逐渐发展成必然，甚至可以被预测。就像在玛妮的故事中看到的，神秘无形的大手仿佛已经停不下来，它止不住地要往玛妮的命运之线上串珠子。通过家庭遗传，不仅影响玛妮自己，也影响玛妮的下一代。当命运在这条象征命运的丝线上串上了几颗纯美的珍珠之后，它似乎就定了。

由此我们看到，如果想要转变命运，就要停止依照之前珍珠的模样去寻找下一颗珍珠，这不仅需要人们意识到他们一直在一只神秘的"大手"的推动下无知无觉地寻找，而且还要停止寻找。不过，人们究竟会在什么时候才能意识到他们被这只神秘的"大手"操纵，以及他们需要停止这一切呢？我相信，在有些人去看算命先生的时候，他们的确对此有意识，并且也打算转变他们的境遇。他们希望算命先生帮助他们开采一颗钻石，他们好依照此模样去寻找下一颗钻石。之后，他们的命运就会在算命先生的帮助下发生180°的大转变，由"珍珠命"转变成"钻石命"，这对相当一部分人来说是再好不过的事情了。用这种方法转变命运可能的确有效，一些人的生活也的确可能在算命先生的帮助下得到很大的改善，不然算命这个职业也不会一直兴盛不衰。事实上，我并不认为这些方法真的能够帮助那些身处水深火热之中的人们摆脱凄惨的命运，即使你一刻不停地去找"看事儿"先生，随时让他给你拿主意。比如，我曾听说有个人，他在一次比赛之前没有自信，于是求问了一位会"看事儿"的人。这个人告诉他，只要在家中的墙壁上挂一个没有箭的弓就能取胜，因为这叫"开弓"。后来，这个人的确在那一次比赛中取得了好成绩。不过，他在之后的一次练习中受了重伤，只能草草地结束比赛生涯，而他本来被认为是一位相当有实力的选手。在我看来，那个没有"箭"的弓寓意实在可笑，这个人在那次比赛中取得优胜很可能是因为"看事儿"人一席话使他相信自己能够取胜，对自己更加自信导致的，与那个奇怪的"开弓"说法并无多大关系。而他的人生最终没能走上巅峰，反倒是看似与那个滑稽的没有箭的"开弓"不无关系。

在科学尚未普及的年代，算命十分普遍，即使在现代中国，算命仍然有它的市场和位置。不仅如此，科学技术相对发达的西方国家也流行占卜，更不要提一些比较落后的国家了。我的父母辈的人虽然已经在沐浴科学的春风，但是，他们仍然相信诸如算命之类的玄妙之事，并且深刻地影响了我。我了解他们那样是因为他们对大自然和宇宙怀有敬畏之心。而且，世界上仍然存在着许多科学尚未解开的谜题，也使人们乐于相信那些算命之类的玄妙之事。在某种程度上，它们的确能给陷入不幸和困境中的人们提供一些精神上的支撑。

我也曾在怀疑自己、怀疑人生的时候看过算命先生，我也跟着我的父母辈的人们一起诚心诚意地烧过香，拜过佛。我十分乐意给用这种方法改变生活的人道一声贺，但是，我自己的确从未因此获益。我相信，对于在生活中发生的那些能够塑造我们的命运的一个个概率，或者"珍珠"，如果用"谜"的观念去看它，回报我们的同样也会是"谜"；但是，如果用"科学"的观念去看它，回报我们的同样也会是"科学"。这就好比有一桩被犯人伪装成神鬼作祟的凶杀案，如果刑警们认为世界上真的有鬼魂存在，而且能够行凶作案，他们显然就会被这类观念引导到对解决案件十分不利的方向上。

串上命运之线的第一颗、第二颗和第三颗珍珠很可能来自偶然，它们是顽皮的孩童在沙滩上寻找贝壳的时候发现的。科学家们通常把一开始发生的概率称作"危机"。因为，它并不是被上帝安排好的，或者是按照上帝的意愿发生的。在古老的地球史上，这些危机

第二章 怪圈

使一些化学元素最终以某种特定的方式聚合在一起，形成了可以构建生命的基础物质——多核苷酸链；另外，一些改变人类历史进程的重大社会变革也起自危机。在现代生活中，大部分人希望自己的生活朝着既定的方向发展；大部分的父母希望孩子听从他们的教导，老老实实地在沙滩上捡贝壳；等等。但是，概率难免，被概率改变人生的轨道也难免。一开始发生的概率如同被发现的第一颗珍珠一样，它来自我们之外的世界。与那个世界相比，我们自己的世界不过是沧海一粟。在面对概率时，不管我们是否情愿，可能都需要了解，它是不是真的会如我们想象中的那般糟糕呢？我想，没有人会把孩童在捡贝壳时发现了珍珠看作是一件糟糕的事情，即使在捡珍珠时发现了贝壳也不会有人认为那很坏。事实上，在生命出现意识之前，许多事物的演化和发展一开始都是由概率推动的，就连我对命运产生好奇，并且下决心放弃浮夸与玩乐，投入到对这个专题的深度思考与探索之中也是概率。此外，一些在科学领域中开启新的研究时代的伟大发现也常常因概率产生，这些概率发生时通常出乎科学家们的意料。但是，它们的影响却是深远的，比如，青霉素的发现。

我在上面所说的概率之于我们，在某种程度上，就如同当一个孩童独自在海边的沙滩上捡贝壳的时候偶然发现了珍珠，而且在接下来的日子里不经意地连续捡到珍珠，于是，他就很可能放弃捡贝壳转而去捡珍珠。孩童一开始这么做很可能仅仅是出于好奇，并不是有意识的，或者理性的思考与分析之后的决策行为，但是，他的命运却从此被转变了，由贝壳变成了珍珠。而有些时候，当它发生时，孩童可能并不知道，甚至也可能没有什么人会知道，它只是恰好来到了一片藏满珍珠的海滩……

二、隐藏着的仲裁者

隐藏着的仲裁者就是我在上面的字里行间中提到的那只在背后推动我们无知无觉地寻找下一颗珍珠，并将它串到命运之线上的大手。我知道，如果我这样介绍这位曼妙的隐藏者，读者可能马上就会明白其中之意。我们的命运就是被这个仲裁者和一些概率共同塑造的，通俗来讲，它就是我们的记忆（相关内容我将在之后的"被记忆塑造"中介绍）。隐藏着的仲裁者是隐藏着的，这意味着我们通常意识不到它，它属于冰山位于水平面之下的部分。如果还记得我在前面讲述的内容，读者也许就会猜测到，这位隐藏着的仲裁者很可能与进化上的痕迹有关，比如，生物本能、情绪等。此外，它也受到价值观、信念以及初心、最高理想等的影响。

许多认知神经科学家研究过这位隐藏着的仲裁者，想了解它对我们的潜在影响力到底有多大。曾经在一项研究中，研究者们把研究被试分成两组，让其中一组被试的手中拿着热咖啡，另一组被试的手中拿着冰咖啡，季节是在寒冷的冬季。然后，他们让两组被试对一些相同的问题作答。结果显示，手中拿着热咖啡的那组被试倾向于对提出的问题做肯定的回答，他们显得更加宽容和友好；手中拿着冰咖啡的那组被试倾向于对问题做否定的回答，他们显得很严苛和挑剔。在另外一项研究中，研究者让被试注意看电脑屏幕，他们告诉被试，一会儿在电脑的屏幕上会出现一元钱硬币的图案和10元钱硬币的图案，如果被试在10元钱硬币出现的时候按下指定按键，就可以在实验结束后得到1000元钱的奖励。之后，研究者在电脑屏幕上以人类无法注意到的速度让10元硬币的图案在被试的眼前快速闪过。令人吃惊的是，当10元硬币的图案快速闪过时，研究被试竟然在没有"看见"的情况下按下了指定按键……

科学家们还做过许多类似的实验，这些实验结果让我们认识到，在意识之下存在着影响我们决策的潜在力量。我们认为我们在理性地做决策，而事实上，我们可能一直在被意识不到的力量影响着、推动着。我们认为的自主选择实际上很可能经常被一只神秘之手操弄，请想一下你是如何选择你的伴侣的。因此，要想真正地成为自己的主人，我们就不得不潜入水下，去一睹这位隐藏着的仲裁者的芳容。

1. 本能

在文明形成之前，本能基本上主导了生物体的所有行为。它是生物体生来就具有的，属于痕迹反应。著名的心理学先驱西格蒙德·弗洛伊德将本能分为生本能和死本能。生本能是生物体先天就具有的保存自己的能力，它受生物体维持体内动力学平衡的驱动。生本能贯穿于整个生物的进化史。死本能也是生物体先天具有的，它主要表现为攻击和破坏，包括生物体向外的攻击和破坏，以及向内的攻击和破坏。死本能也具有延续生命的意义，比如，食肉动物的捕食行为就是死本能向外攻击的表现；向内攻击在某种程度上也具有建设性，既有自我的建设性，也有利他的建设性。比如，生物界存在的某些动物群体的集体自杀行为，它可能是为了种群的更新，以及维护整个生态圈的平衡。在文明社会，生本能和死本能不仅仅表现在行为上，它们已经融入了思想、文化、艺术和语言等当中，在每一个时刻都向我们展现着无处不在的生和死。而且，它们也不再仅仅为了延续生命，也为了延续某种文化；此外，充满智慧的人类还充分利用这两种本能，使它们相得益彰。比如，为竞技比赛制定规则等。

此外，人类发展至今，除了生本能和死本能之外，在文明的不断塑造与淬炼之下产生了许多新的本能。比如，救死扶伤的本能，见义勇为的本能，乐善好施的本能，等等。不过，相比生本能和死本能，这些本能显然并不具有普遍性。

2. 本我

本我是一个心理学上的概念，了解过心理学的人可能听说过这个概念，我在《催眠人生：催眠治疗学探索》当中也对此做了详细的介绍。弗洛伊德把人类心理上的"我"分为三种，即本我、自我和超我。其中，本我指的是对本能言听计从的那个我，这个"我"认为只要快乐就好。而且，快乐是本我唯一而且最高的追求目标，本我通过本能来实现这个目标，大脑中进化上比较早的脑区管理本能和本我。

3. 超我

超我是"道德至上"的我，它与本我是相对的，也是由西格蒙德·弗洛伊德提出的。超我伴随着人类的文明而出现，它具有进化上的意义，属于前额叶的功能。事实上，超我对本我的约束和管理正是象征了人类大脑的高级脑区向低级脑区发出抑制性的神经纤维。

4. 自我

西格蒙德·弗洛伊德提出的心理学上的自我与我在第一章意识中讲述的自我不同。弗洛伊德提出的自我是用来平衡本我与超我的，是在超我的约束之下，使用具有社会适应性的方式获得本我所追求的快乐。它相当于高级脑区与低级脑区的对话。我称之为海中"暗

第二章 怪圈

流",它由本我象征的低级脑区的兴奋和超我象征的高级脑区的抑制相遇时的冲击引发。

初心也是文明的产物(如图2-2),与超我不同,实现初心并不违背生物体维持体内动力学平衡、保存自我的基本进化原则,即它并不否定和拒绝本能。初心通过情绪、情感帮助高级生物体维护体内平衡,实现自我保存。它以一种缓和的方式塑造自我功能,使自我渐趋成熟,使自我的功能逐渐强大,足够胜任平衡本我和超我的这份天职。通俗来讲,良好的自我功能相当于来自低级脑区的本我和高级脑区的超我能够经常性地进行具有建设性意义的、良性的对话与沟通。在文明社会,初心,以及与初心类似的价值观、信念以

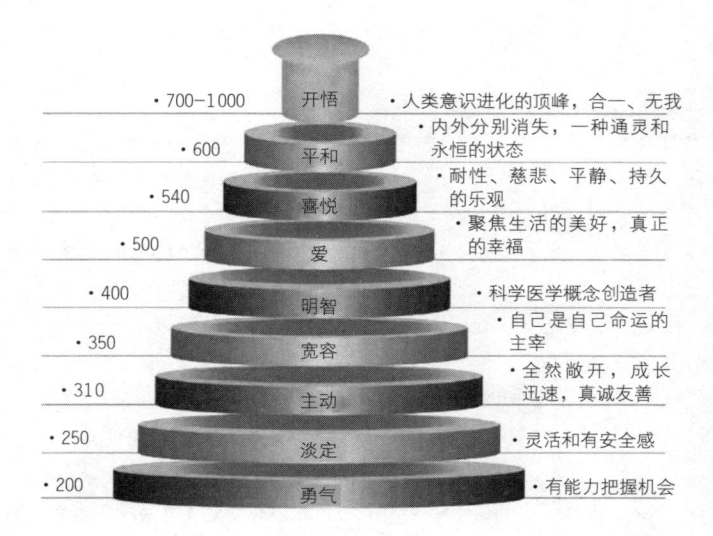

能量	层级	描述
700-1000	开悟	人类意识进化的顶峰,合一、无我
600	平和	内外分别消失,一种通灵和永恒的状态
540	喜悦	耐性、慈悲、平静、持久的乐观
500	爱	聚焦生活的美好,真正的幸福
400	明智	科学医学概念创造者
350	宽容	自己是自己命运的主宰
310	主动	全然敞开,成长迅速,真诚友善
250	淡定	灵活和有安全感
200	勇气	有能力把握机会

图2-2 情绪情感能量层级(正向能量);大卫·霍金斯的"能量层级图"曾经风靡一时,我把它在这里呈现给读者用来说明初心和实现初心,即自我实现等高级意识和行为引发的积极情绪情感对身体内动力学变化的正向影响;它并不代表我本人认同这个"能量层级图"中的内容。读者可以根据个人体验和自身经验做取舍。

及理想等与人类的"自我实现"息息相关。通过"自我实现"可以使身处文明社会中的人们收获本能之上的自我保存，和本我之上的快乐（更多相关内容见本章第二节，接纳与平衡）。

　　痕迹相关的本能、本我与文明社会的产物，即高级意识形态，比如初心、价值观以及信念等相互碰撞时就会引发一股仿佛涌动在理性之海深处的暗流一般的力量，暗中影响着海面上乍看之下风平浪静的理性决策。就如同我在前面所说，这股暗流实际上是位于进化上不同等级的各个脑区在相互的沟通之中形成的。隐藏着的仲裁者指代的就是这股暗流，也即是形成这些暗流的神经回路以及回路所在的脑区（如图2-3A、图2-3B）。通常认为，这位隐藏着的仲裁

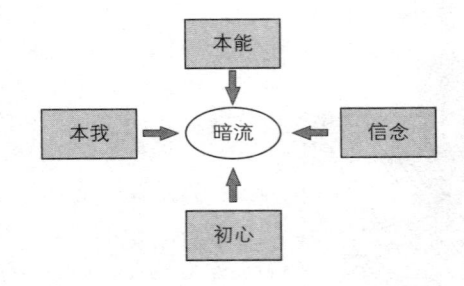

图2-3A 心理暗流及其元素；心理暗流是发生在大脑当中的，它是在"自下而上"和"自上而下"的对话过程当中形成的。

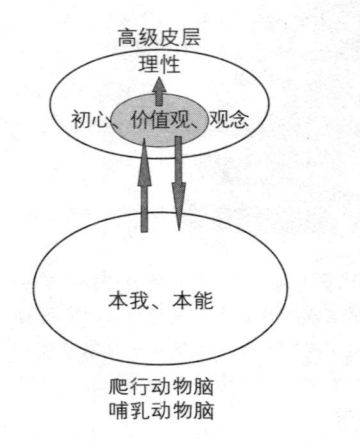

图2-3B 暗流与决策；本图中的暗流是初心等与本我等之间的对话交流，这个对话结果最终影响决策。我们看到，相比在漫长进化史中形成的本我等的力量，初心等的力量并不很强大。

第二章 怪圈

者通过一张面具推动命运,这张面具就是心理学先驱西格蒙德·弗洛伊德提出的心理防御术。我本人有幸见过理性之海,也曾看见许多被海浪冲上沙滩,散落在各处的形形色色的"面具",我从中拾取几片呈现如下:

(1)性变态、心理防御术与神经回路

提到性,很多人想到的可能都是与性生理有关的内容。比如,性器官与性器官的发育,雄性激素和雌性激素,以及异性配偶等。事实上,人类的性涉及两个方面,性心理和性生理。自打孩童出生起,性心理就开始与性生理一起发育。甚至,严格来说,性心理的发育比性生理发育还要早。不仅如此,相比性生理,性心理的发育更加复杂,而且从孩童出生起到成年一直在发育。在这期间,任何与性心理有关的创伤事件都可能会影响性心理的正常发育,使受害者在成年后出现性心理障碍。其中,十分常见的就是性变态,比如恋物癖、暴露癖等。

有恋物癖的患者会对某个物品产生性兴奋,这个物品抓住了这个患者童年的某个创伤回忆,这个回忆使他兴奋。事实上,在给恋物癖的患者做治疗的过程当中发现,那些与他们的迷恋对象有关的创伤记忆一开始使这些患者害怕,并且因感到被侵犯、被羞辱而愤怒和羞愧,但是,因为它们发生时的情境或者情境中的某些刺激因素同时使他们感到了生理上的兴奋,因而就通过联想学习被结合到一起。这就意味着,学习形成的记忆使这些孩童与青少年的大脑中形成了兴奋—羞愧/屈辱回路,即兴奋总是会伴随着羞愧/屈辱产生,这使他们的内心充满了矛盾、不安和痛苦。

不仅如此,在这些记忆中,用那些物品侵犯他们的人通常都是他们信任、喜爱,并且依恋的亲人或者长辈。一方面,这些患者在受到侵犯的年龄通常很小,他们无助、害怕遭到抛弃,而且必须依

– 109 –

附那些侵犯者才能活下去。因此，有些人就逐渐学会了喜欢被侵犯者引发的痛苦和不适。比如，性受虐待狂有在他们的童年时被成年人在大庭广众之下虐待的经历；暴露狂也有在童年时被他们信任或权威之人当众脱光衣服的经历等。另一方面，被侵犯和屈辱的孩童和青少年被他们信赖的成年人欺骗和蒙蔽，使他们在困惑和迷惘中不得不接受了这样一件事，即，他们自己喜欢被侵犯和屈辱。比如，猥亵儿童的成年人会欺骗那些儿童他们喜欢被那样对待，因为他们感到了生理上的兴奋。由于儿童和青少年时期大脑的可塑性十分强大，他们很容易就学会了把痛苦的体验转变成快乐的体验，把羞耻转变成自豪。在他们爱上某个物品、受虐和暴露自己时，他们就感到自己战胜了在当年感受到的那份羞耻和屈辱。

心理学上把这类反转体验的心理防御术叫作反向形成，它非常常见。比如，很多人也学会喜欢上他们嫉妒和那些让他们一直感受不好的人。通常，大脑中引发快乐的脑区和回路与引发痛苦的脑区和回路是不同的。但是，在某些情况下，通常是"自上而下"的，强大的压力和痛苦会使大脑神经元释放大麻素和β-内啡肽，从而在两个回路之间建立起联结，形成新的神经回路系统。因此，引起痛苦的东西就变得不再那么有杀伤力了，它甚至还能引起快乐。对于性变态的人来说，那些曾使他们感到羞耻的东西被转变成自豪之后，他们的大脑已经发生了重塑，它是由于类似反转性的自我认同引发的。这种重塑是畸形的，而且十分极端。它虽然能让这些人感觉"良好"，但它实际上是自欺欺人的，它以牺牲前额叶为代价，挣脱了来自前额叶的道德文明的约束与限制。他们大脑中的信息流动不畅，发生瘀堵，脑区与脑区之间的神经兴奋/抑制失调。

对于善于使用反向形成这种心理防御术爱上他们嫉妒和使他们感受不好的人的那些人来说，大脑回路总会使他们习惯性地选择跟

第二章 怪圈

他们并不真正喜欢的人在一起。有些人甚至只会对自己真正讨厌的人投怀送抱，以致反复遭遇失败的婚姻关系。事实上，不改变神经回路，也很难改变一个人的择偶取向。

（2）神经症、心理防御术与神经回路

神经症是一大类精神疾病的总称，它主要包括焦虑症、恐惧症、强迫症和惊恐障碍。所有的神经症都是由心理冲突引起的，这些心理冲突通常发生在人类的生物本能和高级意识形态，比如价值观、信念等之间。管理人类的生物本能的脑区主要包括进化上的爬行动物脑和哺乳动物脑，与人类高级意识形态相关的脑区通常在前额叶。生物本能与高级意识之间的冲突就是在进化上古老的脑区与高级皮层之间的沟通出现了障碍，表现在大脑的微观层面上就是神经元兴奋/抑制失衡。

我在意识与文明中给读者介绍过，当体内平衡被打乱时，生物体通常使用两种方式来重回体内平衡，一种是痕迹反应，另一种是高级意识。不过，对于人类文明来说，痕迹反应通常比较低级，而且一些痕迹反应并不具有社会适应性；这两个途径既各自独立，又相互联结，如果发生冲突就会使信息流动受阻，使脑区与神经回路出现兴奋性异常，引发焦虑症状（图2-4）。通常情况下，心理冲突由高级皮层对生物本能的压制和否定引起，它受到一些价值观和信念等的影响。这些价值观和信念等通常来自权威人士，或者家庭与社会文化风尚。比如，一些信奉某种宗教教

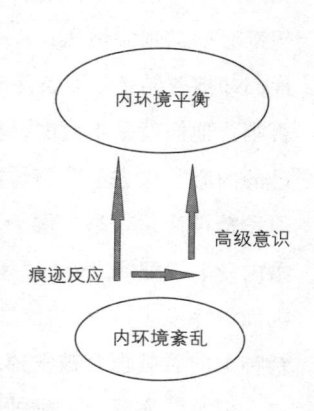

图2-4A 正常健康人的决策系统；当体内动力学发生紊乱时，会引发痕迹反应、高级意识接纳痕迹反应，进行谐调之后做出决策，使体内动力恢复平衡。

- 111 -

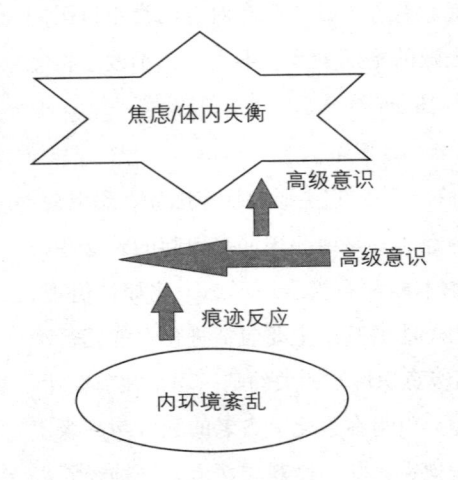

图2-4B 神经症患者的决策系统；当体内动力学发生紊乱时，会引发痕迹反应，高级意识拒绝、否定和阻止痕迹反应，意图使用自杀式或自我欺骗式的意识获得平衡，结果适得其反。

派的人认为性是不洁的，一切与性和本能有关的身体冲动，以及思想都必须被强制镇压；一些孩童被不负责任的成人羞辱和侵犯，而他们却被教导必须无条件地服从和爱那些羞辱和侵犯他们的成年人。否则，他们就是不对的，会受到惩罚；还有一些孩子被教导忽视自己的内心需求去迎合与讨好别人等，这些都会引起心理冲突，最终引发精神症状。举个例子，某个患有强迫症的中年女性责怪自己在婚内爱上了配偶之外的一位老年男人，她感到这样的自己是肮脏的，因而没完没了地仪式性洗手。对她来说，洗手意味着洗去肮脏，她精神上的肮脏也会被洗掉。这位女士受到的教育是要对配偶忠贞不二。但是，实际上，她的确在生活中对配偶之外的人出现了冲动性的身体反应和不受控的遐思，这些使她产生了冲突。

我曾经诊疗过一位患有惊恐障碍的女警，她在跟你交谈的时候，总是习惯性地正襟危坐，表情僵硬，肌肉紧张，心跳加快，不断地打着领导训教下属的手势，说应该怎么样，应该如何，而且第一条……第二条……第三条……在她看来，所有的事情都必须符合她

第二章 怪圈

头脑中的某个框架，一是一，二是二。而且，她不仅用那个框架紧紧地束缚住自己，还企图束缚周围的人。她无法挣脱头脑中那些极具限制性的人生律条，却极度地向往冒险和刺激，这使她逐渐染上了一些不良嗜好，如酗酒，喜好从一些惊悚的片子中寻求刺激等。她还被一些她认为是不错的男人欺骗，而且经常性地惊恐发作，十分没有安全感，这些都使她感到痛不欲生。而且，她在面对想要求助的医生的时候，仍在不停地念叨："我知道自己如何能够好起来，第一条……第二条……第三条……"

神经症患者使用压制和否定的心理防御术，他们用一大堆的道理去压制和否定来自身体的真实反应。实际上，这些道理不过是住在CEO办公室的限制性信念，而身体反应信息在到达CEO之前就被压制了。因此，做出决策的并不是CEO，而是住在CEO办公室中的那些限制性的信念。它们使信息在脑区之间的沟通受到阻塞，脑区与脑区之间的神经回路兴奋/抑制失调。请读者回忆一下我在第一章大脑可塑性/学习引发的神经兴奋/抑制失调中介绍的两个模型，图1-15A和1-15B。虽然神经症患者的症状看似由高级皮层的过度兴奋引起，但是，对这些患者的大脑进行扫描就会发现：事实上，他们的前额叶是被抑制而失能的。

（3）社交、心理防御术与神经回路

有一位女政治家在一档访谈节目中介绍自己的父亲时说，父亲曾经给她写了一封信，信上说："女儿，我不希望你一无是处，至少你还可以社交和从政！"不得不说，很讽刺的是，这个节目激发起我对一些热衷于社交和挖空心思进入政界的政客的好奇心，我花了不少时间去研究它。结果是，我不再对一些虚幻的东西抱有不切实际的幻想，我开始具有判断力，而且弃掉了一些信念。

在这个世界上有不少人坚信，相比一个人的能力，一个人的成功主要依靠社交。在某种程度上，无论社交还是从政，都离不开一种被领域内普遍接受和认可的心理操纵术，有些人对这些技术很在行。这些人的头脑总是一刻不停地在琢磨他人的心理需求，为了一己私利不停地盘算。他们当中有很大一部分在童年的时候有被父母忽视和被抛弃的经历。因此，被抛弃的恐惧逼迫他们不择手段地去吸引关注，控制他人，以便把周围人牢牢地拴在身边。他们没有办法专注于自己，几乎没有办法一个人待着。他们经常是求信息若渴，不停地搅扰别人，害怕自己被孤立。如果他们臆测到谁将会孤立他们，就会先发制人。对他们来说，只有掌控别人才不会被抛弃。而且，他们还会在背后挑拨离间。因为他们认为其他人团结在一起就意味着他们要被孤立、忽视和抛弃。他们还会给受欢迎的人们冠上各种污名和罪名，使其他人疏远这些人，聚集在自己的身边，等等。

很显然，这类人被杏仁核控制住了。而且，由于他们被忽视、被抛弃时的年龄太幼小，甚至有些人还处于襁褓之中，因此，他们的前额叶—杏仁核通路并没有有效建构起来，而限制性信念—杏仁核通路却过度活跃。这些人被脑中的杏仁核控制了，被恐惧感逼着跑这儿跑那儿，不停地往CEO的办公室网罗更多的限制性信念。他们不得不常常下定义，贴标签，这种极端的"理智化"的防御术的确在某种程度上会使他们感到短暂的舒适与安全，却牺牲了他们的前额叶。因此，这些人也常常是成人ADHD的潜在患者。为了不被自己一直害怕的世界忽视和抛弃，有些人还学会通过制造恐惧和限制性信念去影响和鼓动别人，试图成为主宰、大家长等。但是，即使这样也无法使他们获得真正的安宁，他们还要实时监控，生怕有人识破他们的诡计。

（4）灵魂导师、心理防御术与神经回路

美国迪士尼公司在2016年出品了一部风靡全球的动画片《疯狂

第二章 怪圈

动物城》,我想很多读者可能都看过这部片子。在这部动画中有一位灵魂导师模样的角色。动画中的朱迪警官为了追踪一名失踪了的水獭来到这位导师所在的自然主义者俱乐部,因为水獭在失踪前最后落脚的地方就是这个俱乐部。在朱迪警官向这位导师询问有关水獭的情况时,导师说自己的记忆不好,但是大象的记忆好得很。而且,水獭一直在跟着大象做瑜伽,这位导师认为大象可能会知道一些情况。于是,就把朱迪警官带到大象那里。但是,大象对水獭完全没有记忆。相反,这位导师却记得与水獭有关的几乎所有的细节。它在跟大象对话时说:"水獭在这里跟着你练习瑜伽6年了,你还记得吗?""它最后一次到这里是周三,穿着绿色绞花编织外套,和一套新的灯芯绒裤子,还配了一条涡纹领带打着温莎结,领带很紧,你还记得吗?""水獭在离开时上了一辆银色腰线的老式白色轿车……你还记得吗?"大象对这些问题的回答全是,"不记得"。在朱迪警官收集完有关水獭的资料谢过导师准备离开时,这位导师竟然出人意料地说:"我早就说大象的记忆很好,真希望我也有像大象那样的记忆。"

这看起来有些好笑,而且十分地不可思议:明明是导师自己的记忆很好,它却说是大象的记忆好。而且,它还不顾事实,极力地赞美和羡慕大象。事实上,这种现象在我们的现实生活中也很常见,它属于一种被叫作"投射"的心理防御术,通俗来讲就是以己度人。举个例子,我曾经遇见过一位把"有用"作为与人交往第一原则的公司高管。他动辄就会咒骂下属:"只会说话,什么用都没有!"不仅如此,他还要在招聘的最后一个环节亲自面试应聘者。之后,他就会对招聘进来的员工毫不留情地甩出口头禅:"除了会说,什么都不会!"事实上,我在几次与这位高管接触之后发现,他才是一个名副其实的"除了会说,什么都不会"的人。这位高管习惯恶语伤人,但是他自己也十分可能是一位受害者。他在成长过程中被他所看重的人用那类言辞伤害过。于是，在他终于混到公司上层，成为能够被别人看重的人之后，便使用投射获得虚幻缥缈的快乐，人生如梦，毒害别人，也毒害自己！

使用投射这种心理防御术的人把自己的需求、动机、情绪情感等全部投射到别人的身上，这使他们无法了解自己。比如，我曾经遇到一位女士，在外人看来，她的生活过得简直糟透了。她并不富裕，却总想去施舍别人，她周围的人都远离她，这使她感到极度的不快乐。这位女士的确需要帮助，但是，她耻于求助，这或许与她童年所受的教育，或者发生过的某个概率有关。她把自己需要帮助的愿望投射到别人身上，相信她周围的那些人需要她的施舍与帮助。但是，却在无形中给她的亲人和朋友带来许多的困扰和负担。因此，他们不愿意与她接触。当人们把自己的负担和困扰投射到别人身上之后，他们自己可能会感到轻松、愉快，而且活得有价值。无论这些感觉是短暂的还是长久的，是真实的还是虚幻的，都似乎并不重要。在后来的交谈中，我发现这位女士的确在帮助别人时会感到快乐，就建议她去参加慈善组织或者去做志愿服务者。这样，她不但会帮助到真正有需要的人，而且，或许也会让她自己感到快乐一些。

我们看到一些父母简直被孩子气坏了。比如，有一位爸爸看到孩子打游戏不学习就气得跳脚，他使用过于激烈的言辞教育孩子，给他讲道理，说不学习将来就没出息，只能要饭之类的。结果，他的孩子不高兴也不买账，游戏反而愈打愈烈，最后不上学了。事实上，这位父亲在他儿子这个年龄的时候也因为迷上打游戏辍学了，他的父亲切断了给他的生活资助，把他赶出家门。后来，他经历了许多生活的磨砺和坎坷，终于有了一份自己的职业。但是，仍然做得十分艰辛。每当回忆过往时，这位父亲最大的后悔和遗憾就是当初因为迷恋游戏耽误了读书。因此，他每次面对孩子时，看到的其实都是当年的自己。他对自己感到愤怒和失望，却把这个愤怒和失望投射到儿子身上，使他与儿子的关系越来越恶化。

当人们习惯于投射时，就习惯了避免感受自己，认识自己。因此，他们大脑中的回路与那些敢于诚实地面对自己真实感受的勇者的神经回路是不同的，一些信息在到达CEO之前就被拦截了。在很多情况下，这些人可能安稳地走完一生，但是，如果他们出现了精神异常、大脑功能紊乱、神经兴奋/抑制失衡，他们的前额叶也很可能是不活跃的。

三、被记忆塑造

EMDR治疗的创始人，美国著名心理学家弗朗辛·夏皮罗在《让往事随风而逝》中首次提到，我们的命运是被记忆塑造的。事实上，如果你的记忆中载满了难以触碰的伤痛，那么，你的人生也一定是伤痕累累；如果你的记忆天空是阴沉灰暗的，那么，你的人生在你的眼中也一定是阴沉灰暗的。天生的乐天派可能无法想象为什么有些人总是会心事重重、杞人忧天，因为在他们的记忆中没有可以引发那些想象的资源。

请你在脑海中快速搜寻一下记忆，你可以选择闭上眼睛，或者睁着眼睛，看看哪些片段会出现在你的脑海中，在它们出现时你感觉到了什么。也请按照我在下面提供的句式回忆一下你最近的生活，在我＿＿＿＿的时候，我突然感到了＿＿＿＿，我想到了＿＿＿＿。比如，在我准备洽谈项目时，我突然感到痛苦、沮丧和无力，我想到了什么；在我正要出门健身的时候，我突然打了退堂鼓，我想到了什么；我在准备毕业论文的时候，突然感到一股悲伤涌上心头，我顿时失去了信心，我想到了什么；我在正要出门应聘时突然感到一阵阵酸楚，我想到了什么。请回忆一下是什么让你无法停止担忧，是什么让你无法相信，是什么让你失去希望，是什么让你恐惧……请你在任何阻止你迈出脚步的时刻停下来，想一想是什么记忆把你抓住了，做这件事比单纯地让自己陷入不好的感受更有益，因为这时你在兴奋你的前额叶。做完上面这些事，你可能很容易就清楚了你被记忆的影响到底有多大。每当你想要做好一件事的时候，或者每当你没有完成既定工作的时候，谁的声音会出现在你的脑海中？他在跟你说什么？什么图像会出现在你的脑海中？它是怎样的？什么文字会出现在你的脑海中？它是什么？……

通常，我们把给生活带来限制和困扰的记忆叫作未被处理的记忆。中国有句古话叫作"破裤子缠腿"，未被处理的记忆就如同紧紧地缠住腿脚的破裤子，不仅使我们无法挣脱，就连向前迈出一步都很困难。我们所有的消极反应、态度和行为等都是由未被处理的记忆引发的。驻留在大脑中未被处理的记忆越多，精神生活的质量就越差。下面，我从两个方面给读者介绍记忆如何塑造我们。

1. 记忆与人格

霏霏在与人交往时总是感到极度的不自在、害羞，而且没有自信，她总觉得别人在一刻不停地审视和评价她。在她的内心总是有个声音在说，"你又犯错了"。霏霏在成长过程中，好像总是做错事情。比如，在一家人正准备享用美食的时候，她会因为一不留神把碗打碎被妈妈数落；一次全家都高高兴兴地出门旅行，她会因为忘记带东西被妈妈数落；和几个家庭一起快快乐乐地聚会时，她会因为表现"不适当"被妈妈数落；等等。总之，在她的记忆当中，她几乎没有做对过什么事情。现在，无论做什么，她都觉得好像有一双眼睛在审视她，然后告诉她，"你又错了""你又给大家添麻烦

第二章 怪圈

了""都是你的错"。

　　婴儿携带了进化而来的痕迹降生到这个世界上,这些痕迹会引发一些原始反应,表现出来的是人类作为动物的本能。这些原始反应当中有一些并不具有社会适应性。具有社会适应性的行为是婴儿出生后通过互动和教育,在后天的环境中逐渐经过学习形成的。也就是说,婴儿一开始并不知道应该如何表现出具有社会适应性的行为,他需要家庭和社会的教育与熏陶。举例来说,如果一个小孩子在河边玩耍的时候被突然跳出来的青蛙吓哭了,这是他与生俱来的反应。或许他的反应有些"不适当"。因为,在他的周围还有许多小朋友,这些小朋友都很安静,而且很有礼节地在玩耍。但是,小孩子可能并不知道他的反应是不适当的,他只是被吓坏了。这个反应是基因痕迹引发的再自然不过的反应,它对自我保存很重要。而且,小孩子也并不知道在这种情况下,如何做出更适当的反应,他需要被大人们理解和教导,使前额叶发育起来,帮助他以后举止文明。因为,我们并不想纵容生物本能行为泛滥成灾,使社会文明倒退;但是,我们也绝不容许混入CEO办公室的"不法之徒"滥用文明去镇压进化上优选和留存在生物体基因当中的、用于保存自我的本能。读者可以思考一下上面的情形:如果你是那个孩子的父母,你会如何对这个孩子反应?你也可以思考一下如何对自己的孩子反应,以及因何会那样反应?这一刻,请诚实地面对自己。请注意,如果你现在还无法知道因何那样对孩子反应也不要紧,请继续阅读下面的内容。

　　通常认为,一个人的人格在他成长到6岁的时候就已经初具形态了。这说明在6岁的时候,前额叶在对人格的调节上已经具有了基于个体差异的分化,这表现在前额叶与各个脑区建立的神经回路类型上。我在这里需要提一下,美国认知神经科学家亚历克斯·科布在

《重塑大脑回路：如何借助神经科学走出抑郁症》中提出，"所有人的神经回路都是一样的，神经症患者与正常人也是一样的"。他得出这样的结论来自一个认知神经实验。参加实验的两个被试一个患有焦虑症，一个是正常的健康人。研究者告诉这两个被试听上去会使人感到担心的事情。之后，他们用大脑扫描仪分别扫描这两个被试的大脑。扫描发现，当这两个被试在担心时，他们的扣带回皮层都兴奋了。于是，亚历克斯·科布就得出了一个结论，即：在人们担心时，他们的扣带回皮质兴奋，这说明引起担心的神经回路在神经症患者和正常人的脑中是一样的，所以神经症的患者与正常人脑中的神经回路也是一样的。我认为他的结论并不准确。请读者想一想，你会把同时走在一座桥上的两个人说成是一样的吗？即使因为要上班，或者送孩子上学，两个人每天都会在同一个时间同时走上同一座桥，这两个人会一样吗？通常来讲，这两个人不会一样，除非发生了概率事件。事实上，这两个人是否一样取决于发生在桥外的很多因素，也就是说，如果焦虑症患者和正常的健康人在担忧时，他们大脑中的扣带回都兴奋了，那么，这两个担忧水平一定是不同的，它取决于扣带回之外的神经回路。要知道，在担忧和处理担忧时，前额叶与各个脑区之间的神经回路是呈网络分布的。因此，许多疗愈精神心理疾病的自助手册的参考价值也都是有限的，尤其是那些给出具体详细步骤的指导手册。因为，这些指导原则是建立在所有人的神经回路都是一样的假设之上。我并不会否定纯粹的"自上而下"的作用，因为，就如同你被催眠时，在你听到催眠大师对你说，"现在，你闻到了一股清新的百合花香"的时候，你的确会感到自己闻到了那股味道……

前额叶是谐调先天的痕迹反应和社会文明规范的部位，它的发育以及它用来与其他脑区沟通的神经回路的建构受到家庭氛围和家

第二章 怪圈

庭教育的影响。但是，很多人并不了解这一点。十分具有讽刺意味的是，几乎没有人会因为学龄前的儿童不会算乘除法指责它们，因为几乎人人都能理解：他们只是还没有学过，而且，也没有人教过他们。但是，很多父母会指责一个孩子在高兴时不分场合地大笑，指责一个孩子在父母需要休息时一直吵个不停，指责一个孩子不会在看见雨水从窗户扫进屋内时把窗户关上，他们好像认为孩子们先天就应该知道这些。另一方面，如果在一个充满爱、信任、相互关怀和良好家风的家庭中，孩子们会主动向父母认同，跟随父母的言传身教自主性地养成适当和良好的生活习惯。

请回忆一下你的学习历程。一开始是你跟着老师学习，在老师的耐心带领、启发与帮助下，无论难度多大的知识都能够很容易地被理解、消化和吸收，而你也在这个过程中逐渐学会了如何学习和如何思考。请回忆一下你自己面对一道难题苦思冥想不得其解时感到多么的挫折和痛苦，经由老师的启发你的思路豁然开朗时是多么的轻松和愉快。也请你回忆一下，在你不知所措满怀真诚地去寻求帮助时被骂作"愚蠢"或者被"戏弄"会有什么样的感受？在你本来已经因为弄不明白对自己感到失望，还要再被骂作"蠢蛋"时又会感觉如何？请你仔细回忆一下，在你对前来求助的孩子脱口而出"废物""愚蠢"的时候，它们是不是那些一直住在你的心里，并且也会经常出现在你的耳边的声音？而且，它们是在你的成长过程中遭遇到的那些对你很重要的人的声音？在历经几代之后，这个声音恐怕就会伴着遗传基因，在家庭的代际中传递，就像我在之前玛妮的故事中提到的一样。

如同在孩子们拥有足够的基础可以自学之前，他们需要老师的耐心带领一样，在孩子们学习和吸收文明规范，逐渐成长为文明社会中合格的一分子之前，他们也需要成人的帮助，使前额叶与大脑其他各个区域建立良好的沟通回路，形成健康和健全的人格；而不是要被斥责、嘲笑而时时感到耻辱和羞愧，使前额叶无法正常发育，最终形成人格缺陷。事实上，经由遗传和家庭养育，人格缺陷的父母或者父母的一方会使下一代也具有人格缺陷。但是，由于我们的大脑具有可塑性，遗传上的缺陷也可以通过后天的教育和自我训练弥补和完善。

2. 记忆与认知

认知被认为是大脑高级皮层的功能。但是，它很可能在生命体出现可以表征的神经系统之后就开始了。而且，就是借由最早的认知活动使生命体逐渐发展出了意识。在现今，有许多专门研究认知的学问，它们通常被叫作认知神经科学，或认知心理学。对认知感兴趣的读者可以搜索相关的书籍来阅读，我在这里要关注的是消极认知，以及它们如何与纠缠不清的记忆给我们制造痛苦，引发精神心理疾病。

消极认知与多种精神心理疾病相关，它主要包括消极的自我评价，如"我就是一个失败者""我很无力""我不被重视"等，以及限制性的信念。消极认知通常以自动循环出现的方式引发精神心理异常。这是因为，如同我在第一章介绍的"信念回路"，当我们不受控地被消极认知影响时，在我们的大脑中早已形成了以消极认知为中心的神经回路。而且，这个回路会因为自动循环出现的消极认知处于过度的兴奋当中。通常情况下，以消极认知为中心的神经回路通过记忆储存在大脑中，它可能在很长一段时间当中都处于潜伏状态，不会明显地影响人们的日常生活。但是，在被不良体验和某些情境唤醒之后，消极认知回路就会独占大脑的兴奋区，并且活跃不止（如图2-5）。

第二章 怪圈

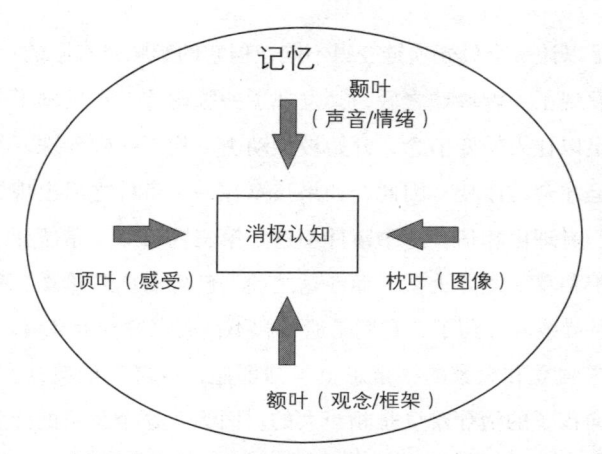

```
         记忆
         颞叶
       (声音/情绪)
          ↓
  → [消极认知] ←
顶叶(感受)    枕叶(图像)
          ↑
       额叶(观念/框架)
```

图2-5 消极认知回路；神经回路形成之后就会被储存到记忆当中，当生活现况引发消极认知时，联结各个脑区的消极认知回路就会兴奋起来，唤醒与消极认知有关的记忆。如果消极认知引发的记忆和不良体验使人们陷入其中，脱离当下情境，消极认知回路就会成为大脑中的主导兴奋点，进而引发精神心理疾病。

消极认知大多来自不良的早年经历和消极记忆，比如我在第一章中讲述的"习得性无助"。它们可能一直活跃，贯穿我们的一生；也可能在某段时期之内潜伏起来，直到被某些情境唤醒。比如，有的人在青少年期经历了某个不良事件之后就对自己产生了消极认知，得上了抑郁症，并终身受其影响；还有的人虽然在早年经历了一些不良事件，但仍然表现正常，直到后来的某个情境唤醒了当年的消极认知才引发抑郁症状。相比发病年龄早的人，这些人得抑郁症的年龄相对较晚。而且，他们的前额叶发育得也相对良好。因此，他们对激活前额叶的认知心理治疗可能反应更好。

不过，结合我在之前介绍的内容，有些人之所以在一开始遭遇概率时没有发病，很可能因为那只是一个概率，是在寻找贝壳的时候偶然发现了一颗珍珠，接下来被找到的仍然还是贝壳。虽然一颗珍珠就足以让一个贝壳项链变得不同，但它的影响是有限的；但是，如果在发现了一颗珍珠之后，又发现了一颗珍珠，再发现了一颗珍珠，就足以让人转变信念，开始被推动去寻找下一颗珍珠。在这之后，命运才会被改变。因此，如果孩童在一个事件之后出现了抑郁症，我们有理由相信，那个事件不过是第三颗珍珠，是压死毛驴的最后一根稻草，是导火索。而在这之前，已经有两颗珍珠、很多稻草，以及导线和炸药了，它们是遗传和不良的家庭养育环境。因此，如果尚未独立和离家的孩童患上了抑郁症，或者其他精神类疾病，单独面向孩子的治疗难度是相当大的。因为，这个孩子的症状不过是冰山一角。而且，就像《记忆中的玛妮》中讲述的，出现症状的孩子很可能已经是家庭代际中的第三代以上了。

　　我在之前曾让读者按照我给出的句式回忆近期发生的事件，如在我＿＿＿＿的时候，我突然感到了＿＿＿＿，我想到了＿＿＿＿。现在，请你继续回忆，当你在那些感到沮丧、悲伤、无力和痛苦的时刻，你想到了什么？它们是某个声音、某句话、某个表情、某个眼神，某个图像，或者某个其他的什么吗？它们为什么会在那一刻出现？而且，每当它们出现的时候，它们为什么会影响你的心境、决策和行为呢？我不知道有多少读者还能记得我在第一章"大脑的宏观结构"中介绍的海马，我曾把海马比作是连接过去的经验和当下情境的桥梁，它使人们可以从过去的经验当中寻找可以处理当下情境的方法（如图2-6）。因此，如果在对某些事件的处理上，你过去的经验全是失败和消极的，你可能永远做不好这些事。比如，在经历多次失败的婚姻之后，人们可能会认为自己并不适合婚姻生活。除此之外，有些人可能在童年的时候被父母等重要的人骂过"废物"。而后，他们通过辛勤的汗水和不断的拼搏终于获得了父母的认可。比如，名牌大学的背景、令人羡慕的工作、丰厚的薪水，以及可以被称得上是称心如意的生活等。当人们聚集在一起回忆往事的时候，他们可能会扮演一位功成名就者的角色，侃侃而谈自己的光辉奋斗史，以及曾经获得的各种奖状、表彰和殊荣，甚至是对人生的感悟。但是，他们也很可能在一次的失败中一蹶不振，只是因为当年的那个"废物"通过海马这个桥梁，又回来了而已。

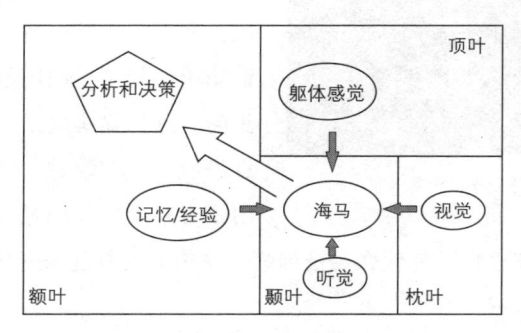

图2-6 记忆工作站——海马；当下的情境（来自视、听和躯体感觉等）通过海马与储存在额叶中的过去的经验共同影响在当下情境中的分析和决策。

四、被囚禁的记忆

图2-7是一幅在心理学上非常有名的画作，它常常被各类心理学专业、休闲类书籍和杂志引用来帮助人们探索和了解他们自己。这种使用对视觉艺术的自由联想探索心理活动的方法来自伟大的心理学先驱家西格蒙德·弗洛伊德的潜意识理论和实践。请读者认真地看一下这幅画，之后回答问题："你在这幅画中看见了什么？"我建议读者认真做这个练习，最好能够完整地描述你的所见，你也可以把它写出来方便记忆。在做完这个练习之后，再继续阅读下面的内容，这样做于你颇有益处。

图2-7 无题

我描述一下我在图中的所见：整个画面可以说是有些阴郁的。远处的天空、平原和一棵看起来有些低迷的小树都给人不好的感觉。画面上这位老人的脸有点诡异，一大部分都是丝绸质地的面皮。老人的大脑中有一个很大的铁笼子，笼子里面囚禁了一只猫头鹰。这只猫头鹰给人的感觉有点恐怖，它的眼神很特别，难以用语言来形容。而且，它看起来似乎并不知道自己为什么会被囚禁。这位老人看起来好像对什么都没有感觉……

我下面要讲述的是有关这位老人的面皮和面皮之下的世界，也就是有关于那只被囚禁起来的猫头鹰的故事。在讲述之前，我想要表达我对伟大的心理学家西格蒙德·弗洛伊德（图2-8）的崇高的敬意和深深的感激之情。因为，他掀开了面皮，让在他之后的人们看到了面皮之下的世界。并且，有幸亲吻到那只美丽的猫头鹰。

图2-8 西格蒙德·弗洛伊德

第二章 怪圈

1. 无言的记忆

我不知道有没有人看过黑白的哑剧。没有声音，没有语言，也没有色彩，只有一些奇奇怪怪的表情和滑稽的动作。哑剧里的主角儿们十分卖力地表演，可是你却在一旁莫名其妙，什么也看不懂，甚至还会感到有些乏味。你好像根本无法知道究竟发生了什么。

无言的记忆与哑剧很相像，它们存在于记忆当中。每当你回忆起它们的时候，都像是在看一部与你有关的哑剧。但是，你却看不懂。这些记忆通常与发生在你的早年生活中的死亡事件有关，死亡的人可能是一些你的亲人、朋友或者其他重要的人。发生了这些事件之后，你甚至可能没有掉过一滴眼泪，这些事件也好像与你没有什么关系。随后，它们就好像被你彻底地忘记了，而你也好像的确没有什么变化。你照常过着你的生活，似乎波澜不惊。只是在偶尔回忆起这些事件的时候，或者当有些人提起这些事件的时候，它们才仿佛哑剧一般流进你的记忆。而且，你还会说："这些人的死亡对我并没有什么影响，我也没有什么感觉。"

我们看到，当重要的人离世时，尤其是意外离世，有些人哭泣，有些人诉说，还有一些人遗忘了细节，比如，某些感受。人们在这样做的时候，不仅仅是为了表达他们对已经离世之人的怀念和哀悼，也是在保存他们自己。发生了的遗忘也是人们为了保存自己所做出的牺牲，这就像壁虎为了逃避它的捕食者要自断尾巴一样，因为离世之人于某些人而言就像他们自己身上的某块骨肉，或者某种寄托。我们看到，有些与丈夫形影不离的老年女性在丈夫去世之后出现了精神错乱，因为常年的共同生活使她们感到失去丈夫与失去自己的一部分是一样的。我在第一章第二节中讲到，人类的"感受性"是表征自我的重要系统，它使生命体可以感受到自己的存在，并在此基础上产生意识。如果"感受性"表征系统出现异常，人们就很可能会在自我混乱的情况下被表征的客体淹没，迷失方向，甚至出现精神异常。通常情况下，当一个人自我混乱的时候，为了维持正常生活，他会自动化地"自上而下"，很可能是通过影响注意系统回路，关闭一部分的客体表征，即视而不见、听而不闻、嗅而不觉、触而不感等，这种情况在心理学上被称作"抑制"，即大脑的某些功能被抑制了。而且，在某些极端的情况下，有些人会觉得生活对于他们来说失去了意义，他们就如同行尸走肉一般。我曾经诊疗过一位青春期的男孩儿，他曾经是一个大人眼中十分聪明、听话、内向，而且学习一直居于班级前列的优等生。他的父亲在他上小学6年级的时候不幸意外离世，家人们十分担心他会不会太过悲伤。但是，他说他对此事完全没有感觉，而且也哭不出来。后来，在上初中的时候，他突然开始厌学，拿着菜刀离家出走，说自己想要画画，不知道自己为什么活着，也不知道自己的未来能做什么。他玩游戏成瘾，说打游戏可以让自己忘掉肉身，变成虚拟的一部分……我们看到，在父亲离世之后，这个男孩儿的自我表征系统出现了异常，这使他的精神生活陷入了一片混乱。男孩儿表现出来的这些症状很大一部分来源于他无法表达出对丧失至亲的悲伤、歉疚和无力等，它们通过这些精神症状表达出来。我在图2-9A、B、C、D中给读者呈现这个孩子的几幅画。说老实话，我在看到它们的时候感觉到一些震撼，它使我相信这男孩儿极具艺术天分。这几幅画是我与这个男孩儿第一次谈话之后他出示给我的，我使用PHQ-9帮助客观测量他的情绪状态，显示"中度抑郁"。不过，这个男孩儿的抑郁情绪在两次心理治疗之后就改观了，我在附录中为读者呈现他第二次治疗中的部分谈话内容，在这次谈话中，他接纳了自己的肉身。

第二章 怪圈

图2-9A 一只没有眼睛的黑色魔龙；它与这个孩子的现实生活状态是一致的。这个孩子在现实生活中与家人疏离，没有人情味儿，常常用一些十分伤人的话和行为刺激他的家人，就像这只浑身带刺的不长眼睛的黑色魔龙一样。事实上，这个孩子的情感十分细腻、敏感，而且十分容易受伤。

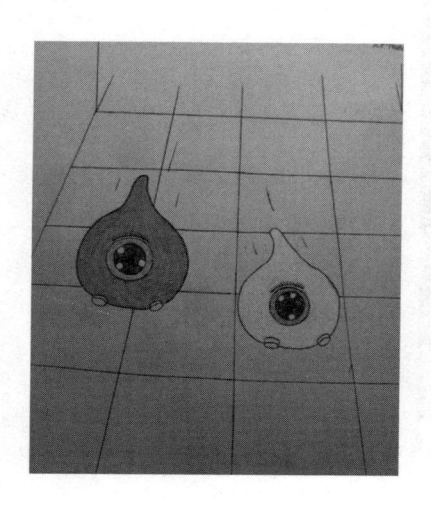

图2-9B 一双在异空间游走的泪眼；这个孩子的生活有点脱离现实，是因为他的一双泪眼在三维格子所象征的异空间中游走，并不在他身体存在的时空中；眼睛的形状似泪滴，因为伤痛使这个孩子的内心中存放了很多的泪水。父亲的意外离世使他开始考虑生死，由于正值青春期这个比较敏感和容易走极端的年龄，使他过度追求一些类似灵魂的东西，认为肉体是个包袱，这使他频频离家出走。

大脑与我们：摆脱绝望，走出怪圈

图2-9C 海中物；这幅图呈现了许多海洋中的生物，它说明这个孩子的内心很具包容性，容纳了很多的东西。

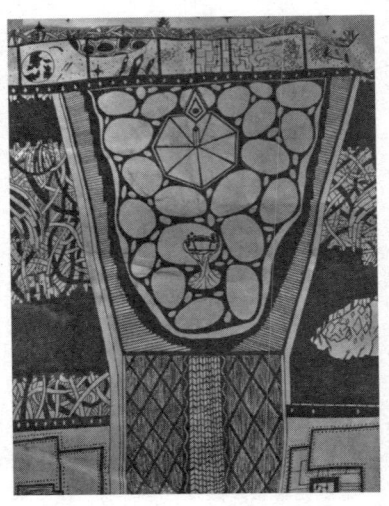

图2-9D 升华；这幅画带有宗教神圣的意味。在画中央有一个很小的类似于祭桌的东西，上面似乎摆放了一张棋盘。在画的中上部有一个类似蜡烛的图案，这个蜡烛放在一个多边形桌子上。这幅画给人一种平衡感，而且呈现了丰富的内容，他的心灵是有力量的。

不过，值得庆幸的是，大多数人不会因为某个重要亲人的离世完全丧失表征自我的能力，他们丧失的只是一部分的感受力，因此，大多数人能够应付大部分的生活情境，只是在某些特定的情境下会受限。不过，就像壁虎的尾巴断掉可以再生一样，丧失的感受力也可以被重新找回，它是在创伤疗愈的过程中自然发生的。

2. 消失的记忆

消失的记忆通常是无法被回忆起来的记忆。其中，有一些记忆可以通过催眠回溯再现。但是，它们也可能是不完整的。而且，稍不留神就会演变成由不适当的催眠暗示引发的虚假的记忆。人们在成长的过程中会经历许许多多的事件。但是，能够被记忆的却为数不多。有些人可能会心存疑问，那些消失的记忆究竟去了哪里呢？我记得在小学时曾经看过一部儿童片《小龙人》。小龙人阴差阳错地来到人世间的一座四合院，并与生活在四合院中的几位小朋友相识了。他一直想要找到妈妈。于是，几位小朋友陪他来到雪山，因为有消息称小龙人的妈妈可能是一位雪山女神。

当小龙人来到雪山的时候，这里正在经历一场浩劫。小龙人的妈妈在这场浩劫中牺牲了，她消失了。但是，她的骨肉变成了高山和平原，她的血液变成了河流……这是一部美丽的女神为了挽救家园牺牲自己的感人故事。事实上，消失的女神并没有消失，人们在仰望高山的时候看见了她，在赞美河流的时候看见了她……在任何地方人们都能看见她的身影……她滋润着一片大地，以及这片大地上的许多生命。

消失的记忆就如同这位消失的女神。一些消失的记忆早已经融入了我们的骨肉和血脉，成了身体的一部分，并且常常能够通过我们的各种反应和行为表现出来。比如，当人们说女性天生就会做母亲的时候，他们指的是做母亲是女性的本能，它是经过进化的选择，保留在女性的基因当中的。但是，在人类社会，许多痕迹反应会在后天的养育环境中被重新塑造，养育类的痕迹反应也难逃于此。因此，不同的女性也在诠释不同模样的母亲。还记得玛妮吗？虽然她选择不去恨当初"抛弃"她的父母，但是，她却在她生病的时候"抛弃"了她的女儿。不仅如此，她后来也抛下了她的外孙女，撒手人寰。事实上，在童年就被父母"抛弃"的玛妮很可能并不知道除了用"抛弃"养育她的孩子之外，她还可以如何做。玛妮企盼能够享受家庭的幸福，打定主意要好好地对待她的孩子。但是，每一次在面对突发情况的时候她又会崩溃，不知所措，显得那样的无能为力。她希望女儿能够理解，她只是因为不得已才抛弃她。但是，她不但没有得到女儿的谅解，还因为女儿的意外死亡再次遭遇被亲人抛弃的打击……

如果玛妮在一个充满爱意和温暖的氛围下长大，她的妈妈在自己生病的时候还不忘记照顾玛妮，那么，玛妮的人生也会不一样。一个在爱与呵护中长大的孩子可能不会记得她是如何被爱的。但是，她总是知道如何去爱别人。因为，那些记忆早已成了她的一部分；而一个在父母的虐待下长大的孩子可能早就遗忘了他自己是如何被虐待的，因为那部分记忆可能早就被他以另一个人格的方式分离出去了。但是，他却会无师自通地知道如何去虐待别人。比如，一些患有双重人格的人在伤害别人的时候会变成另外一个人。而且，除非被告知，连他们自己都不会知道在身体中还睡着另外一个令他们无法想象的可怕之人。

还有一些消失的记忆是以动作反应的方式呈现的，它们可以是一些自动化的反应，比如身体的抽动；还可以是一些经过反复训练变成自动化的动作，比如，开车、做菜、游泳等。这些将在第二节为读者介绍。

3. 虚假的记忆

在我的生活中发生过两件事情让我意识到，人们的记忆并不完全是真实的，其中一件发生在我上小学的时候。我曾经在家里面养了四只小鸡。有一天，我在沙发上睡午觉。醒来后，我迷迷糊糊地坐起来。我感觉到在我的一只脚下有一个毛茸茸，而且很柔软的东西。过了一会儿我才突然想到，它可能是小鸡。于是，我立即大叫着将我的脚移开。我看见那只小鸡浑身颤抖着缩成一团，闭着眼睛，十分令人心疼。不久之后，小鸡就死了。我感到十分自责，将它埋到了一棵树下。有一天，我跟一位大姐说起这件事，我垂头丧气地说那只小鸡是因我而死。没想到的是，她却说她记得那只小鸡是因她而死的。而且，她还十分惊异地问我，是不是我记错了。她所记得的是：有一天，她在沙发上睡觉醒来之后，在无意之下踩到了那只小鸡……不管怎样，总之，我们两个人在这件事情上的记忆有一个是虚假的。

另外一件事情发生在我大学快毕业的时候。我曾经借给外班一位同学一本漫画册，但是，我忘记她是不是已经还给了我。于是，我去找她询问。她十分肯定地告诉我，她已经把那本书还给我了。而且，她还给我描述了她还给我书时的详细情形。在她生动地描述下，我也确信她已经把那本书还给我了。而且，我的印象跟她描述的一样。毕业的时候，她在离校前过来找我，给我那本漫画册。她说她在柜子里发现这本画册时才想起来，她当时是记错了。那时，我十分地诧异，为什么在他人的误导之下，我会对没有发生过的事情有虚假的记忆？而且，这个记忆十分地清晰，以至于会让我相信它？

在专门研习心理学之后,我发现虚假的记忆是存在的。而且,并不少见,尤其是对于一些患有精神心理疾病的患者来说。这些人深信自己在童年时遭遇过某些消极的事件,这些事件引发了他们的精神异常。比如,一些女患者相信自己曾经在年幼时被父亲或者哥哥性骚扰,她们长期陷入这种被亲人伤害的痛苦之中。但是,有一些线索证明那些记忆并不一定是事实。另外,在催眠年龄回溯中,一些不适当的暗示语也会引发虚假的记忆,我在前面已经介绍过。

消极的虚假记忆会使有这些记忆的人陷入痛苦,但是,积极的虚假记忆究竟会不会使那些遭受心理创伤的人感到快乐仍然需要更多的科学研究证据。在我看来,面具式的或者自欺欺人式的虚假记忆在某些程度上会破坏一个人的现实检验水平。在对心理创伤的治疗中,有一个备受瞩目,目前也被认为是充分显示出疗效的方法叫作眼动脱敏与再加工治疗(简称,EMDR),它是专门处理记忆的治疗方法。EMDR的创始人是美国一位十分有名的心理学家弗朗辛·夏皮罗。我曾经使用EMDR治疗过一些由遭遇车祸、猥亵及校园霸凌引发创伤的患者,证明它的确具有临床意义上十分显著的效果。弗朗辛·夏皮罗在《让往事随风而逝》和一些她发表在学术期刊上的文章中表示,显示出的疗效是由在患者脑中生成的虚假记忆,或者因为清除了消极记忆引起的。对此我并不认同,在我看来,疗效是在一系列的创造性的过程中实现的。

五、被记忆囚禁

学过物理的人可能都知道作用力与反作用力,我在这里想引用它来说明:在我们囚禁记忆时,也被那个记忆囚禁了;如果我们打算终身囚禁它也将终身被它囚禁。请回忆图2-7。通常情况下,我们的认识活动由两种途径实现,一种是"自下而上"的途径,一种是"自上而下"的途径。这两个途径相互取长补短,帮助我们尽量真实地认识我们所在的世界。在"自上而下"的途径中,有一种完全由信念或者幻想引发的"自上而下"的认识活动被称作替代性的认识活动,它被认为是通过替代性神经通路实现的。比如,一些由意念主导的认识活动,一些宗教的灵性体验等。不过,我认为,即便是由意念主导的认识活动,也并不是完全凭空产生的。一些经由意念/想象引发的认识或体验来自储存在大脑中的记忆。比如,想象自己舒服地躺在一片柔软的草坪上,闻到令人十分舒服的清新青草味儿等。如果你曾经有过此类经历,就能够通过联想,或者唤醒记忆找回当时的感觉。另外一些意念/想象,比如,想象自己被一片圣光包围等,也会引发一类特殊的、伴随或者不伴随生理过程的体验。这些体验通常也可以被理解为是基于一定的现实之上。比如,可以追溯到最早的是从母体出生时的体验,或者曾经晒太阳的感觉等。不过,相比纯粹地唤醒记忆,有些意念/想象还可能引发一些带有升华性质的体验,比如像是灵魂脱壳的体验等。不过,它们已经被证实是来源于某些脑区中的神经元和神经回路的异常放电。值得一提的是,虽然经由某些引导获得特殊的体验十分受欢迎,但是,它们对生物体和环境的意义和影响仍需要更多的科学研究。曾经有一个患有厌食症的女孩儿,她一开始需要使用一般的催吐方式将食物排出身体,后来,她使用想象来降低食欲。比如,她十分喜欢美食,在电脑中存有好几百份食谱,但是她从来没有真正地去做这些美食,只是喜欢想象它们,并用它们来计划未来几周的菜单。这个女孩儿曾经交往了一个男友,但是男友因为受不了她一天到晚谈论美食,可吃得又异常少而离开她。这个女孩儿因为长期吃得过少,活动过多,身高近1.70米,却只有不到40千克。虽然她的精神状态看起来不错,也没有耽误学业和日常生活,但是她后来停经了,而且有甲状腺功能低下和脱发的症状。

当我们使用两条通路,或者更多地使用"自下而上"的通路进行认识时,我们更加客观(如图2-10A)。我们的表征系统真实地表征来自自我和外界的信息,进行加工之后,将其送往CEO的办公室获得新的知识。这时,大脑中的信息流通顺畅,各个脑区协调合作,使我们的思维灵活并富有弹性,而且可以创造很多的可能性。当我们囚禁记忆的时候,就如同我在前面所说,我们不仅"关闭"了一些自我表征的能力,也"关闭"了相关的客体表征的能力,这就使我们经常不能真实而完整地表征我们身处的情境。因此,也会使我们大脑的CEO决策不良。此外,一些信念和幻想"自上而下"地绕过正常的神经回路,通过替代性的神经回路操纵我们的感受和感觉,也会使我们无法获得关于世界的完整信息,扭曲我们的所见、所闻和所感。这个替代性神经回路看上去十分地稳固(如图2-10B),但

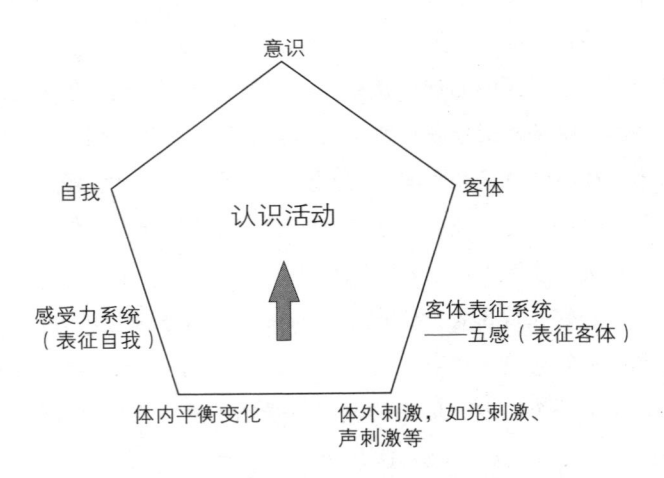

图2-10A 认识活动;"自下而上"与"自上而下"的对话良好。

第二章 怪圈

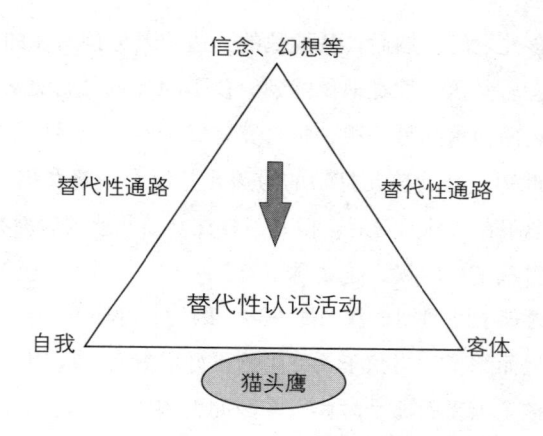

```
         信念、幻想等
            △
          ↓
     替代性通路    替代性通路
       替代性认识活动
   自我              客体
       （猫头鹰）
```

图2-10B 替代性认识活动；"自上而下"主导的认识活动，"自下而上"的经验多数被拒绝、忽视、否定或者压制。

是，它同时也限制了很多的可能性。举个例子，有一部分人希望在社交时表现得十分迷人与优雅，而且能够随时随地将他们最美的一面展现给别人。他们在与人交谈的时候把几乎全部的心思都放在注意自己是不是足够地迷人与优雅上，完全不在乎交谈对象在说些什么。还有一些人在几乎任何场合都极力地塑造他们在别人心中的形象，他们经常要对着镜子不停演练，只想着能够时时刻刻把他们预想中的一切完美地展现出来。这些人做这些通常是希望能够获得他人的关注、赞美和欣赏。但是，他们却完全不顾及别人的感受。我曾经看过一档相亲节目，有一位十分漂亮的女孩儿喜欢上了节目中一位十分有人气的年轻男孩儿，她便作为"求爱者"参加了这档节目，向男孩儿示爱。我猜想，女孩儿为了这一幕，一定事先在家中反复地练习过。她为男孩子制造了许多十分浪漫的场景，她唱男孩子喜欢听的歌，而且十分动听；她说一些十分感人的情话，打动了男孩子。在最后，女孩儿拿出了一个红地毯，打算把红地毯铺到她

- 137 -

与这个男孩儿之间。然后,从地毯的一边向着男孩所在的另一边慢慢地走过去。女孩儿把红地毯铺到男孩子的脚边之后便站起来背对着男孩儿走向地毯的另一边,她打算完成她向这个男孩子求爱的最后一步。谁知,被女孩儿打动的男孩儿并没有理解女孩儿的意图,他不经意地跟在女孩儿身后。但是,就在女孩儿感到后面有人跟着,回头看见男孩子的时候,她仿佛下意识一般,十分不礼貌地用手指示意这个男孩子站回到地毯的那一边。因为,她还有一步没有完成。结果就可想而知了,男孩子最终拒绝了她的好意。我想,在这个女孩子向男孩子求爱的那个时候,在她的大脑中,一定是替代性神经回路在兴奋。

第二章 怪圈

第二节 解救

一、身体里的小人儿

一个"废物"的故事

我在前面有跟读者提到过这个"废物",它是住在某个身体里面的小人儿,你甚至可以说它是位于庞大身躯中心某处的一颗小小的种子。这个小人儿,或者这颗种子的力量究竟有多大,在它显露力量之前没有人会知道。它很可能常年待在那里一动不动。但是,一旦它开始抖动身体,崭露头角,就很可能会摇身一变,成为一个可怕,而且巨大的怪兽,将它的住所破坏掉,这就是一个废物的强大威力。

有些人害怕这个废物,为了逃离它拼尽全力地奔跑。当他们以为自己已经奔跑了很久,已经跑到了天涯海角,可以安心地与废物挥手告别的时候,如果不巧在转过头的当口就看见废物在身后,他们可能就崩溃了。在人们拼命想要逃离废物的时候,事实上,他们一刻都没有忘记废物。他们一直带着这个废物在奔跑,他们认为自己已经跑了很久,跑了很远,事实上,他们与废物一直寸步不离。

在心理学上有一句名言,"人们唯一要恐惧的就是恐惧本身"说的就是这个道理。事实上,身体里的小人儿是被我们囚禁的某个记忆、情绪、感受或者身体反应,它是在大脑中出现了信息流动受阻,某些信息被拦截，或者被禁锢在某些脑区，无法与其他脑区建立神经联结，因此无法得到有效的处理，它们就是图2-7中的猫头鹰。它们的主人并不想要它们，又苦于无法摆脱它们，就把它们囚禁起来了。不过，它们总是有办法表达自己，如同被囚禁的猫头鹰会发出鸣叫声。也正因为这样，人们才有可能真正摆脱过去的阴影获得疗愈。

1. 神经—肌肉反应

一些被囚禁的记忆，或者情绪通过神经—肌肉反应表现出来，最常见的例子就是一些儿童表现出来的抽动性的反应。当家长们带着有抽动的孩子前来就诊的时候，作为医生的你完全能够推测，这些孩子的前额叶可能发育不良，他们或可能受过惊吓，或者曾经在表现出某个本能反应的时候被身边的人强硬地切断了，等等。发生在这些孩子身体上的抽动很可能说明在他们的大脑中正囚禁了一只猫头鹰。因此，除了单纯的药物干预之外，应用心理治疗释放出那个被囚禁的猫头鹰，使它朝向对生物体具有建设性的方向，并且充分发展前额叶回路也十分地重要。

另外一些神经—肌肉反应表现为对亲密行为的反射性回避，它同样由被囚禁的早年记忆、感受或者情绪引发。举例来说，有一些人在初次与自己的爱人行房事的时候出现障碍。但是，这些障碍并不是生理上的，它们被称作性心理障碍。这种障碍几乎可以十分肯定地来自早年不良的生活经历。比如，有一位女士总是在与丈夫亲密的时候把他推开，她知道自己很爱她的丈夫，但是，就是无法允许他对自己过于亲密。因为她在年幼的时候被叔叔欺凌过，虽然她已经忘记了这件事，但是，在她的丈夫亲近她的时候，一种恐惧感被她丈夫身上的味道唤醒了。

第二章 怪圈

还有一些神经—肌肉反应通过不舒适的身体症状表现出来，比如头晕、恶心、过敏等。读者可以回忆一下大脑的宏观结构。在颞叶有两个重要的脑结构，它们是下丘脑和海马/杏仁核。我在前面介绍过，下丘脑是接受来自身体内环境信号的脑组织，它与海马/杏仁核、顶叶的躯体感觉皮层，以及前额叶等都建立了联结（如图2-11）。因此，情绪和体内平衡可以经常交流彼此，互相影响和调谐。曾经有一位女士经常感到头晕、恶心等，为此多次到医院做身体检查，结果都没有发现异常。后来，这位女士被介绍到一位非常出色的心理医生处。这位心理医生使用"身体体验"帮助她唤醒了引起头晕、恶心等症状的记忆：这位女士年幼时曾经在独自玩耍时被哥哥突然从后面拎起来，在空中转一大圈后被扔到了地上。她那时吓坏了，感到头晕和一阵阵恶心。这位女士长大后就把这件事遗忘了。但是，症状被一些生活线索唤起了。

除此之外，有时我们的说话方式、语速、语调，骨骼肌肉的状态等也会受到被囚禁的记忆的影响。比如，A先生在幼年时经常被父亲骂作是"废物"。他成年后变得十分优秀，而且遗忘了那些记忆。

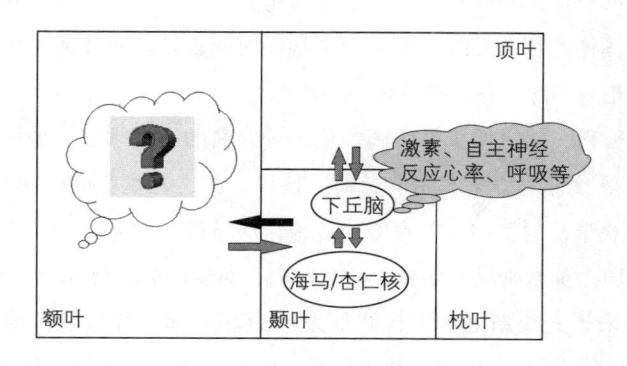

图2-11 隐藏的仲裁者；被囚禁起来的东西引发了不明原因的身体症状。

不过，巧合的是，A先生的上司与他的父亲在某些方面颇为相似。A先生在面对他的上司时经常会不经意地表现出只有在面对他的父亲时才会特有的一些神经—肌肉反应。比如，某种程度的肌肉紧张度，说话的语速、语调以及身体的姿态等。而且，A先生还总是不经意地想要向上司证明他不是一个废物，虽然这位上司从来没有说过，也不曾把A先生看作一个废物。B先生曾被初恋情人侮辱，并且抛弃之后，就遗忘了他的情人。但是，在任何与初恋情人有某些相似的异性面前，B先生都会不知不觉地表现得像个"斗鸡"……

上面介绍的这些不适当的神经—肌肉反应、症状等都是由于我们囚禁了某些早年记忆、情绪或者自发性的反应等导致的。神经—肌肉反应就像是夜里猫头鹰的鸣叫一样，它能引起我们的注意，并且把那些已经"消失了"的东西带到我们的面前，从而让我们有机会去处理它，并获得疗愈。

我在这里给读者介绍彼得·莱文博士，因为一会儿要给读者讲述的内容是我从彼得·莱文博士所著的书（我把它们列在后面的参考文献中）中获悉的。彼得·莱文博士发展出了用于治疗心理创伤障碍的身体体验疗法，并且在应用中获得了一定的疗效。我因概率与身体体验疗法结缘，而且花了很多时间去钻研身体体验疗法相关的理论与实践，并发展了它。

彼得·莱文博士是美国一位十分有名的心理学家，他认为他的成就得益于他小学的一位老师。彼得·莱文在童年时也十分叛逆，不喜欢学校的填鸭式教育方式。他讨厌学校，而且认为自己也被学校讨厌。他常常批判学校里的老师们，对老师们心怀偏见。有一次，学校来了一位新老师，他跟朋友们聚在一起，并且发挥他的"长处"，滔滔不绝，添油加醋地向朋友们抱怨和批判这位新老师。就在他正说得起劲时，他感到有人温柔地拍了他的肩膀。他回过头就看

第二章 怪圈

见了这位新来的老师。彼得·莱文当时吓坏了。但是，这位老师只是对他说了一句，"你觉得我真的有那么坏吗？"

彼得·莱文博士一直认为是这位与众不同的老师改变了他的人生。后来，他对学习产生了兴趣，并且在学习生涯中总是能够幸运地遇到鼓舞人心的好老师。虽然，每次回忆过往时，彼得·莱文博士仍然能记起那些残忍和暴虐的老师。但是，一颗美好的种子就在新来的老师拍拍他的肩膀的时刻被埋进了少年的心中，使他转变了信念。因而，也转变了他的命运。

对于彼得·莱文博士来说，那天的遭遇就像一直在海边的沙滩上捡贝壳的孩子偶然发现了珍珠，这使他十分地兴奋。之后，这个孩子认为可能还会捡到珍珠，因为对沙滩的信念发生变化了。他开始注意在沙滩上还有没有其他的珍珠，这使他捡到珍珠的概率提高了。于是，他的贝壳项链因为有了很多珍珠变得与众不同。

彼得·莱文博士后来选择做心理学研究，他在博士期间自创了身体体验疗法，它基于一个SIBAM模型，即感觉（sensation）、意向（image）、行为（behavior）、情感（affect）、意义（meaning）。其中，感觉包括本体感觉、前庭感觉和内脏感觉；意向指的是感觉印象，它包括视、听、触、味、嗅觉；行为包括自发的姿势与手势、情绪的/面部的表情、姿态（内部运动发起的倾向）、自动化的信号（包括心血管和呼吸系统）、内脏运动、原型行为（传递普遍含义的非自主手势与姿势）；情感包括害怕、愤怒、悲伤、愉快和厌恶等，以及它们的外在感觉，如靠近或者回避等；意义包括贴在所有体验，即感觉（S）、意向（I）、行为（B）和情感（A）上的标签。

对我在前面介绍的内容还有印象的读者可能已经想到了，事实上，SIBAM中的S就是生物体的自我表征，I是客体表征，B和A中的情绪的外在感觉是神经—肌肉反应，M就是通过"自上而下"的方式影响人们的限制性信念和幻想。在身体体验疗法中,需要使创伤患者的SIBAM重新协商。因为,就如同图2-7中的老人一样,创伤使这些人的SIBAM不能正常运转了:表征系统被破坏,大脑中信息沟通的回路受创,一些信息被拦截、被孤立,造成瘀堵,无法到达CEO,与这些信息相关的脑区和神经回路被抑制而熄火,兴奋/抑制失调。重新协商就是重塑大脑中的神经回路,化除神经回路中的瘀堵,使信息顺畅流动,使某些熄火的部位重新兴奋起来,降低制造混乱的脑区和神经回路的兴奋性,提升失能脑区和神经回路的兴奋性(如图2-12)。

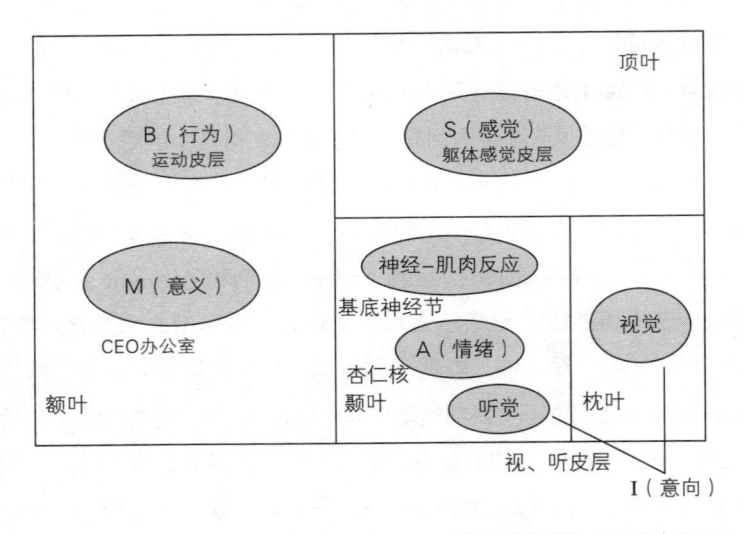

图2-12 SIBAM重新协商的大脑模型;SIBAM重新协商就是重塑大脑中SIBAM(如上图)所在各个脑区的神经回路,使脑区之间的对话通路流畅。

2. 陈述性记忆与程序性记忆

请读者看下图2-13。通常情况下，我们把有意识参与的记忆叫作陈述性记忆，不需要意识参与的记忆叫作程序性记忆。陈述性记忆一般包括习得的知识、经验和自传。其中，融入情感基调的陈述性记忆又被叫作情境记忆。比如，当事人在回忆时说，"在2008年冬天的一个令人寂寞又充满忧伤的飘雪的日子，我站在母校操场旁的一棵孤单的大树下，泪流满面"，就是情境记忆。相比之下，"我的父亲在2008年一个飘雪的冬日里独自站在母校操场旁的一棵大树下"就是陈述性记忆，它常常以第三人称的方式表达。情境记忆比陈述性记忆（事实）更容易觉察出细微差别，而且能记忆模糊的情景。遭受创伤的人的情境记忆会受到损伤，如事实、情绪和感受，以及关于它们之间的关系的神经表征系统被破坏了，脑区之间的沟通方式早就在创伤发生时被重塑了。

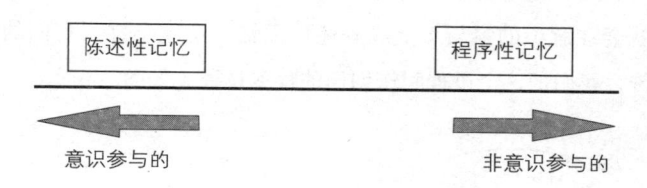

图2-13 陈述性记忆与程序性记忆

程序性记忆是不需要意识参与的记忆，一些身体的惯性反应就是由程序性记忆引发的；那些被囚禁的记忆也包含在程序性记忆之内；还有一部分程序性记忆是通过反复练习形成的自动化的动作和思维反应，如骑自行车、游泳、某种思维方式等；痕迹反应也属于程序性记忆，它们是储存在基因当中，与生物体的自我保存有关的先天反应。比如，一些神经—肌肉反应，如抽动、打嗝、面部肌肉的活动，喉咙反应，以及一些自发的歌唱与绘画行为等。一些融入情绪基调的程序性记忆又被叫作情绪记忆，它不能被意识到。我在前面给读者介绍过，情绪是可以被感受到的感受，它作为一种自我表征与痕迹反应合作帮助生物体维持体内动力学的平衡。此外，情绪还可以通过表情、姿态等被生物体自身和他人察觉到。因此，情绪既是连接高级意识和自我表征的桥梁，同时也是人们在交流中可以用来沟通彼此的桥梁。但是，后天的养育环境通过"自上而下"的途径逐渐使情绪变得不再像它一开始出现的时候那样可以经常被生物体感知到，因此，一些带有情绪的记忆，或者某个记忆中的情绪也可以被从生物体的意识当中隔离出去，进入到程序性记忆系统，成为意识之下的成分。

正如我在前面所说，情绪和一些可以被捕捉到的神经—肌肉反应是通往猫头鹰囚笼的桥梁，在我们找寻到猫头鹰，并把它释放出来，与它冰释前嫌之后，那些被囚禁在程序性记忆中的情绪和痕迹反应就会在意识的参与下变成陈述性记忆，这就丰富了我们的经验与自传，我们把这个过程叫作创伤的疗愈过程（如图2-14）。

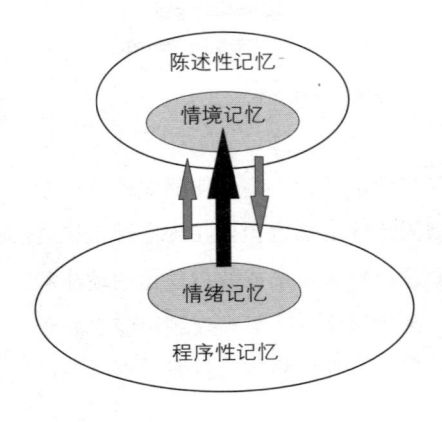

图2-14 创伤的疗愈过程模型；这个创伤的疗愈过程模型是我在收集了大量的临床证据之上提出来的，我认为它无论在理论上，还是临床实践上都要比彼得·莱文博士提出的模型恰当和准确。

二、接纳与平衡

有一个著名的《尼布尔的祈祷文》是这样说的:"上帝,请赐予我平静,去接受我无法改变的。赐予我勇气,去改变我能改变的。赐我智慧,分辨这两者的区别。过好我的每一天,享受你所赐的每一刻……"

我并不曾做过祈祷,了解这个祈祷文是因为在十几年前它太流行了。人们总是会在这里,或者那里不经意地听到它。很多人相信它能给人带来平静、智慧与勇气。我不想在本书中谈宗教和宗教理想,我想谈的是"接纳"。而且,我认为"接纳"需要的是勇气,并不是平静。比如,放弃自大妄想与浮夸,承认自己的弱小与无能;承认自己并不能主宰什么,而只是沧海一粟;承认你不可能倚靠那些虚幻的东西成就自己;承认你不可能通过自欺欺人得到真正的平静等,一定是需要勇气的。

此外,接纳并不是培养奴性,把自己变成生活的奴隶,让自己变得十分被动,甚至丧失自我。接纳是一种基于生物体的表征系统的认识活动,生物体在接纳中开放自己,消化客体,允许自己被客体改变,获得意识,实现生命的进化与发展。

在介绍平衡之前,我想请读者看下图2-15,它是一个石头平衡艺术,看起来十分地不可思议。但是,它的确展现了一种平衡。它可能与人们平时喜爱挂在嘴边的平衡有点不一样,它看起来十分地精确,有点像中国道家文化中的太极。不过,我在下面要介绍的平衡指的是发生在大脑中的神经兴奋/抑制平衡,它与兴奋性神经元和抑制性神经元有关,与生物体的体内平衡有关。

图2-15 石头平衡艺术

1. 驱力、需要与动机

驱力又被叫作内驱力，是由西格蒙德·弗洛伊德作为一个心理学层面上的概念提出的。后来，一些生理心理学家弄清楚了驱力的来源，他们认为驱力是由生理上的不平衡引发的。因此，驱力也可以被认为是由体内失衡引发的生命体自我保存反应的原始动力，驱力出现时会使生物体感到不舒适。曾经认为，四种生理失衡会引发驱力，比如，饥饿、口渴、性和疼痛。但是，生命进化至今，生物体的体内失衡与高级脑皮层也建立了神经回路联系。因此，社会活动与思维等也会引发驱力，即驱力可以被社会活动影响，被社会活动操纵。

当驱力产生的时候就会使高级生物体产生需求。比如，饥饿会引发生物体对食物的需求；口渴会引发生物体对水的需求；空气污染会引发生物体对纯净的蓝天的需求，还有对安全、归属和爱等的需求等等。有了需求，高级生物体就会想方设法使这些需求得到满足，消除由驱力带来的不适感。需求也受社会活动影响，可以被社会活动操纵。

　　高级生物体满足需求的方式有许多,一些方式是被痕迹反应主导的,它们可能并不具有社会适应性,或者具有低社会适应性。比如,我在前面提到的即时满足,一些没有目标的冲动性行为,如,抢夺、盗窃、诈骗、吸毒酗酒、打架斗殴等;另一些方式是由前额叶主导的,我们称它为动机,或者动机行为,它通过设立目标和理想等激发并且维持有机体的行动。动机行为是高级生物体的主动行为,它与简单的、带有偶发性和冲动性质的痕迹性的反应性行为有很大的差别。曾经有一些父母把孩子带到我这里,满脸愁容地对我说:"我的孩子特别聪明,上小学时也特别优秀,每次考试成绩都是前三名,可是他现在上初中怎么就不爱学习了呢?"这其中的原因有很多。但可以肯定的是:有一些孩子的早期学习行为并不是动机行为;相反,它更可能是冲动性的。因而,这些孩子无法坚持和维持学习。不仅如此,他们的前额叶也很可能并未发育良好,这使他们未来更有可能做出冲动性的行为,没有坚持性和长久性。事实上,这些孩子的家庭养育通常也存在着很大问题,他们的父母之间通常存在很大的矛盾和分歧。而且,这些孩子可能有不良的家庭遗传史,即,他们的父母,或者其中一方实际上患有某些精神心理上的问题。正如我在前面所说,面对出了问题的未成年的孩子时,我们看到的往往只是冰山一角。如果父母带孩子看心理医生时仍然坚持让孩子做自己的"替罪羊",那么,无论多么专业的医生也会感到束手无策……

2. 一致性

　　我在这里要谈及的一致性并不是指在现代社会中被很多人所知的认知的一致性。认知的一致性指的是高级生物体,尤其是人类,通常倾向于对他们已经认识的客体保持认知一致性；当高级生物体发现他们所认识的客体偏离一致性轨道时，就会感到不适。因而，会在驱力的推动下引发旨在重获一致性的需求和行为。比如，一些人可能采取有选择地寻求支持一致性的信息，过滤不一致的信息。在这种情况下，认知一致性可以成为一种限制性的信念，通过"自上而下"的替代性认识通路影响人们的认识活动，如同我在前面讲述的。发生这类情况时，获得一致性认知的需求可能并不单纯，它还可能融合了这个高级生物体的其他需求。比如，对安全和稳定的需求等。举个例子，有偏执人格的人总是倾向于把事物贴上类似于"不是……，就是……""要么……，要么……"的标签。比如，我的妈妈"不是好人，就是坏人"，"要么成功，要么失败"，等等。因此，如果这些人对妈妈的认知是，"妈妈是好人"，他们在遭遇认知不一致时，就会"自上而下"地操控自己的感官经验，用自己的方式塑造大脑中的神经回路，扭曲他们对真实世界的认知，逐渐使他们成长为拥有病态思维和病态人格特质的人。

不过，我在这里要跟读者介绍的一致性主要是关于我们自己的一致性。通俗来讲，就是有关于你究竟是一个好人，还是一个坏人；你究竟是个废物，还是一个宝物等。我认为了解关于自己的一致性十分重要，就像我之前在"身体里的小人儿"中介绍的，你可能不想整天活在"废物""恐惧"的阴影之下，你希望你是一致的；此外，你也可能不想让自己像某些人口中宣扬的"如果不能被爱，那就努力成为被所有人憎恨的对象"，那样太过极端。这里值得一提的是，相比从前，现代文明社会具有了更多的包容性，不过，这也给一些持有极端信念的人，比如某些被商业炒作起来的，各行各业所谓的各类偏执的大师和导师们提供了可以使用他们那些丑陋的作品和各类形形色色的、极具煽动性的、丑陋的言辞影响人们的判断和

第二章 怪圈

迷惑人们的双眼的机会，通过"自上而下"的途径把人们推向极端化，颠倒人们对真实世界的认知。

我不想多做任何毫无意义的猜测和幻想，但是，每当我看着和谐又美丽的生命物质——DNA双螺旋时（图2-16），我相信，生命能够经历长久的演化至今并不会是因为它足够的偏执，而是因为它足够的宽容。人们并不想让自己成为一个拥有正负极，却整天躺在那里思考自己为什么会拥有正负极，思考如何才能让自己只有正极或只有负极的无用的蓄电池。大多数人希望能与导线连接，并且接上电阻、电器和开关等，能够为一个闭合的电路提供能量，就像DNA双螺旋那样，实现他们自己的人生价值。

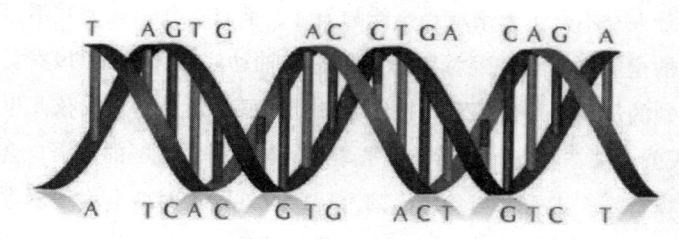

图2-16 DNA双螺旋

因此，关于我们自己的一致性从某种意义上来说，就是人们经常在晚间档的心灵节目中听到的那些如梦如幻的，诸如"与自己和解""接纳不完美的自己""遇见内心的小孩儿"之类的美妙说辞。曾经有一位高三的学生，在高考前因为压力过大控制不住地在思想里咒骂身边的人，这使他感到十分地苦恼。他告诉我说他与那些人并没有什么过节，他也从来没有骂过任何人，也从未想过要伤害他身边的人。他不知道自己为什么突然变得这么恶劣，他感到十分地内疚和自责，他也为自己的行为感到羞耻。他开始焦虑，但是这使他的骂人行为变得更加不可控。我告诉他不必为此苦恼，控制不住地骂人说明他的压力很大,有些人在压力大的时候也会这样,他能够控制的那个自己才是他真正的自己。他骂的那些人也并不是真正生活在他身边的那些人,它们是哲学意义上的人,不过是拥有他所知的那些名字的存在而已。这个高中生听我这样说之后就释然了,他不再感到焦虑,因为他不再纠结他自己是不是不一致了。

那么,如何才能使我们变成我们期望中的那个具有一致性的人呢?比如,如何对待"废物"这个论题?我这样说,很多读者可能会想到,获得一致性首先需要找到合适的方法去面对身体中的那个小人儿"废物",而不是仿佛失控一般地、疯狂地否定它和逃离它,我想,这对很多人来说的确需要极大的勇气和耐心。事实上,我们大部分人并不会生下来就是全能的天才,而且,我也认为并不存在天生的全能者。我曾经诊治过一位患有抽动症和强迫症的9岁女孩儿,她的母亲是一位信众。按照女孩儿妈妈的话,这个女孩儿生下来4天就会喊"爸爸",不到6岁钢琴无师自通,说流畅的英语,会像专业模特一样走秀,与父母出国游玩遇见外国人时就会表现得像个外交官,等等。听起来,这个女孩儿仿佛是天生的全能者,不过她会在看见某些公众人物的时候抽动,对自己十分苛刻,追求完美和具有强迫的特质,固执,很难与小朋友合作。父母既为她的表现骄傲,因为女孩儿好像为他们赚足了面子,又对她不满意,希望她更加出色……我这里有一些问题,读者可以花一些时间思考一下:①你用什么标准去判断一个人是不是"废物"?金钱?身份?地位?家庭?人格?品质?道德?②你如何看待"废物",或者你认为是一个"废物"的人?③你对"废物"的认知多大程度上来自内心的良知,多大程度上来自父母的教育、文化的熏陶,以及特定的社会风气?……你可以对自己提出更多的问题,以便充分地理解"废物"对于你的真正意义。不管怎样,如果你已经充分理解了心中的"废

第二章 怪圈

物"是什么,你也不想成为一个"废物",你要如何说服你自己,并且向你自己证明,你并不是一个你自己所认知的"废物"?

3. 接纳与平衡

我们的大脑经常会暴露在可能引发兴奋/抑制失调的情况之下,使某一个脑区或者神经回路出现独占性的兴奋性,其他的脑区或者神经回路受到抑制,有一部分原因在于大脑中先天存在的奖赏回路。我们在受到奖赏时会感到快乐,这就是大脑中的奖赏回路在兴奋。目前认为,奖赏回路主要位于中脑边缘系统,与伏隔核密切相关(如图2-17)。参与奖赏回路的神经递质主要是多巴胺,它由伏隔核释放,在前额叶发挥作用,使我们感到快乐,并影响我们的认知。在做了某件事使我们感到快乐的时候,为了获得更多的快乐,我们就更愿意去做这件事。有些时候,我们主动寻求快乐,有些时候是被动的,尤其在反复行为形成了惯性之后。我曾经在某个睡眠障碍的专题学术会议上听过一个报告,作报告的是某个名牌大学的研究

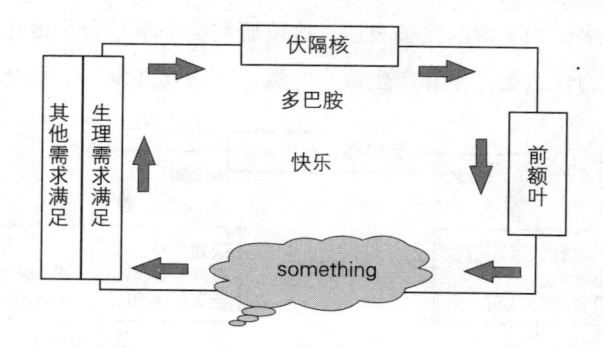

图2-17 大脑中的奖赏回路模式图:在发生某种行为之后,生理需求和其他需求获得满足,通过伏隔核产生多巴胺,引发快乐体验,从而影响认知。比如,一个小学生数学考了100分,受到老师和父母的奖励,他感到满足和快乐,于是,他得出结论,得到好成绩是一件会使人快乐的事。

生。她的报告主要是讲要开发一种在学生睡眠的时候放给他们听,以便不会让睡眠耽误学习的程序。这位研究生作报告时的语速非常快,给人感觉她都没有时间喘息。从她的姿态和神情上看,她对自己和自己的研究仿佛十分有信心。在报告结束后,她做了一个深呼吸,面对听众挺直腰身,看起来对自己十分满意。

我不知道这位研究生是不是了解睡眠对于生物体的意义,大脑在生物体睡眠时究竟有没有如她所想"在偷懒"。不过,我敢打赌,这个研究生的大脑已经停不下来了。我们可以看看她的工作—奖赏回路(如图2-18),这个工作—奖赏回路看起来已经成为她大脑中的优势回路了。想必她十分痛恨偷懒,甚至可能认为睡觉都是在浪费时间。一想到自己在睡觉而不是在工作就会着急上火,还会为睡觉的自己感到羞耻。她可能认为人们应该把所有的时间都用在可见的学习和工作的行为上。因此,她想要开发一个可以在睡眠时播放的程序,而且,她可能十分坚信人人都应该像她那样。不仅如此,我甚至在猜想,如果哪一次在作报告的时候,因为不得不喘息,或者呛了口水影响了她的完美表达,这位研究生是不是会开始怀疑和痛恨人类为什么会呼吸和产生口水?然后,想要开发一个不会打断报

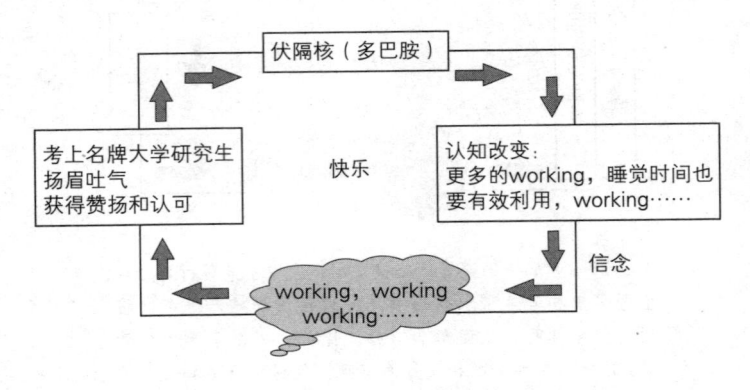

图2-18 大脑中的工作-奖赏回路模式图

告的呼吸程序，和口水生成抑制器……最后，这位研究生发展到开始痛恨肉体，认为肉体是个包袱和累赘，人类应该成为永动机的概率有多大？不过，我想，我需要在此处激活我的抑制性神经系统，就此打住。

另外，我们也会听到一些有关"木讷"的科研工作者的逸闻。比如，我在童年时就听说知名的数学家陈景润在一边走路，一边思考数学问题的时候撞上了电线杆；有些专家、学者虽然学术做得很好，甚至抬起手臂就能够到"Jesus"。但是，他们却连家中油瓶倒了都不扶。而且，如果没有专人照顾，他们就会生活得一塌糊涂；一部分艺术家只有在逃进自己的艺术世界中才能感到短暂的平静，现实世界的生活只会让他们感到混乱和困惑；各种成瘾也属于这类。还有一些人喜欢在顺畅、平坦又开阔的大路上开快车，一旦遇到交通拥堵就咒骂不止；一些人爱钻牛角尖；另一些人很容易就会使自己成为"××狂人"，如，觅爱狂人、健身狂人等。在这些情况下，大脑中的某个奖赏回路都在抢占大脑的兴奋区，而其他脑区则因受到抑制停止活动，一些神经回路所在的脑区甚至还会发生失用性的萎缩。

请读者回顾一下自己的生活，你有没有在感到十分high的时候被强行制止过？你可能对阻拦你继续high的人暴跳如雷，甚至认为他十分恶劣，在故意与你作对。如果这个人是你的配偶，可能接下来就要发生一场家庭战争了。事实上，我推想，生物体在进化的过程中发展出抑制性神经元是为了平衡过度兴奋，或者成瘾所致的无节制给生物体和整个地球环境带来的破坏；而且，在文明出现之后，更多的抑制性通路和抑制性神经机制被需要和被发展了。举个例子，在结婚之前你可能活得自由、随性，你不在乎几点睡觉、几点起床和几点吃饭。早上6点闹铃响起的时候，你可以随手关掉它，继续舒服地睡觉。因为你还没睡饱，你并不在乎是不是非要吃了早餐才能上班，而且你大脑中的神经回路也是这样为你安排的。但是，有了孩子之后，你可能要按时起床给孩子做饭，送孩子上学。在6点钟闹铃响起的时候，无论你有没有睡饱，你都得起床。这时你大脑中的抑制性神经元在兴奋，你以前随心所欲睡觉的快乐也失去了。但是，一段时间之后，大脑中的神经回路就会发生重塑，重塑的神经回路以另外的方式与奖赏回路发生联系，你获得了新的快乐（如图2-19A、图2-19B）。比如，你发现早起后你的健康状况变好了，你的生命时间仿佛延长了，早上的空气也十分地棒，送孩子上学的路

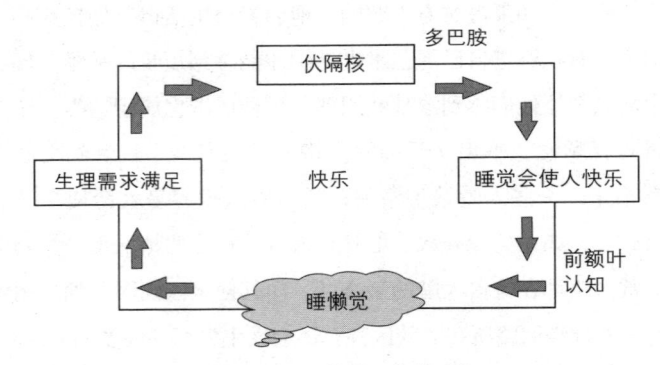

图2-19A 睡懒觉—奖赏回路

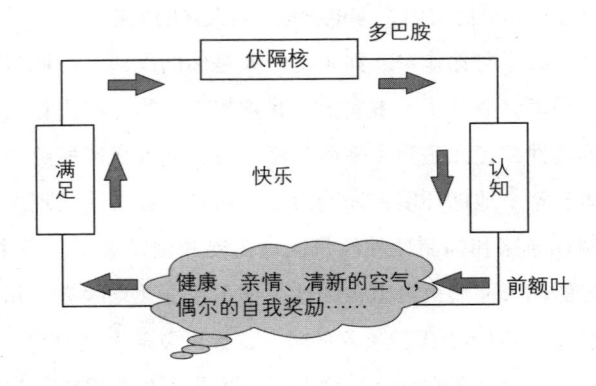

图2-19B 更多行为—奖赏回路

第二章 怪圈

上会有许多趣闻，你甚至发现偶尔奖励自己睡个懒觉会感到更满足。

在这个地球上，有许许多多的人坚持认为，只有随心所欲地展现生物本能才会获得真正的快乐，但是，了解奖赏回路之后就知道，他们对快乐的理解并不十分准确，随心所欲的本能行为能使人快乐是因为在出生时，人们大脑中的本能—奖赏回路就以痕迹的方式存在了（如图2-20），因此，本能行为会通过本能—奖赏回路使人快乐。但是，大脑具有可塑性，在成长的过程中，在更多的神经回路与奖赏系统建立联结形成更多的奖赏回路之后，本能之外的许多事物和行为都能使人感到快乐（图2-21）。不仅如此，在某些极端的

图2-20 本能—奖赏回路；本能—奖赏回路是先天痕迹。

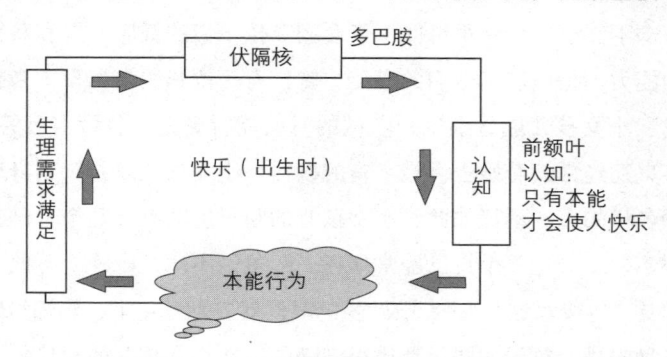

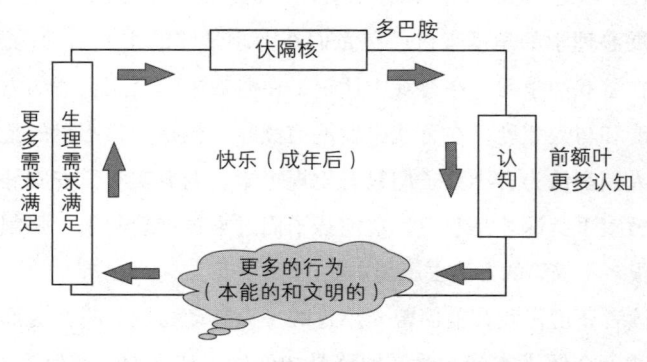

图2-21 本能/更多行为—奖赏回路

情况之下，即使那些通常会引发痛苦的行为和事物也可以通过大脑神经回路的重塑引发快乐并且成瘾，如性变态等，我在前面已经介绍过。

不过，我们也看到，文明—奖赏回路并不是我们先天就具有的神经回路，它是基于本能—奖赏回路之上，在后天的养育过程中逐渐建构起来的。在我看来，文明之于本能就如同高级动作产生于先天的反射一样，旨在压制和否定本能的文明可能根本就不存在，也很可能不会使人获得快乐。我看到有些父母非常惧怕孩子表现出本能，他们使用各种激烈的言辞和惩罚手段企图让孩子们以本能为羞耻，却不知道这样做很可能不仅会剥夺孩子们的健康发展和获得快乐的能力，也压制了他们的潜能。曾经有一位妈妈带着孩子来到我这里：小女孩儿能看到鬼，考试的时候能听到鬼在告诉自己答案，而且鬼还经常缠着她告诉她宇宙的模样。小女孩儿总是感到身后有各种各样的鬼。不仅如此，小女孩儿的脑子里面有好几个自己，年龄都不一样，这几个自己经常聚在一起争论不休，她晚上不敢一个人睡觉，等等。这个女孩儿在3岁的时候就告别童年了，妈妈给她做了各种安排，每天的课程都排得满满的。在小女孩儿的记忆中，她一直在不停地学习，没有玩乐的时间，也没有童年小伙伴。事实上，从发展心理学的角度来讲，孩童们在上小学前的主要活动是游戏，他们在游戏中学习，在游戏中认识，在游戏中学会用合适的方法释放本能和与人相处，在游戏中发展前额叶。但是，很不幸的是，许多大人们都认为，小孩子们只有规规矩矩、老老实实、安安静静地坐在教室里听课才是学习，这使孩子们过早被拘禁起来，强制他们使用很多不成熟的方法去压制本能。

读者还记得我在前面曾介绍过的《疯狂动物城》吗？这部儿童片给我们介绍了本能—奖赏回路是如何发展成文明—奖赏回路的，

第二章 怪圈

即从动物本能进化到人类文明。我简单复述一些台词,"在很早很早以前,恐惧、背叛和血腥是主宰世界的主要力量,那是一个弱肉强食的世界,食肉动物都有着难以克制的杀戮本能,到处充满着鲜血和死亡。但是,时过境迁,食肉动物和食草动物不断进化,许多动物都摆脱了野蛮的本性。在和平的时代,所有的小动物们都有了数都数不尽的机遇。小羊们不用整天躲在羊群里,它们可以梦想自己成为'宇航羊';小老虎也不用孤独地追捕猎物了,它们可以追捕偷税漏税者……"

事实上,在文明社会,那些违背伦常、道德、法律和公众意识等的本能行为并不会使人快乐,反而会引发羞愧、自责、内疚以及失去自由。因此,有些居心叵测的人为了转化自己因违背公众意识的思想和行为所致的负罪感等,企图塑造新的公众意识。他们使用各种手段,比如利用名人效应和明星效应等,鼓吹各种有违伦常的思想和行为,意图打造为他们自己量身定做的"伪"文明……

现在我们已经知道了,即使存在遗传上的差异,大脑中先天存在的本能—奖赏回路使我们任何人都有可能在不自觉的情况下因对"快乐"无节制的追求成为一名"瘾君子"。但是,大脑中的兴奋/抑制平衡机制使我们有能力通过激活抑制性神经通路,即自我克制抵抗诱惑,但并不会使我们失去快乐。相反,我们可能拥有更多的快乐、更多样化的生活,以及文明,它使我们更加积极和乐观,而不是悲观和消极。事实上,我们看到许多教练在训练专业选手的时候会给他们设置各种障碍,有些运动员也会用主动给自己设置障碍的方法提高他们自己的能力和水平;依靠先天本能在比赛中取胜,没有自我节制的运动员的职业生涯十分的短暂,甚至还会患上躁郁症。这类情况就与经济圈的通胀和通缩类似,我们看到,为了防止出现不可预测的、失控的市场行为,经济学家们也会使用各类经济手段尽可能地把通胀与通缩的程度限制在可控的范围之内。

我曾经会诊过一个女孩儿，这个女孩儿的父母都是生意人，他们在很年轻的时候就离家在外，通过多年辛勤的劳动积累下了一些财富。这个女孩儿在十多岁时开始逆反，顶撞父母和老师，做什么都是凭着一时的新鲜劲儿，眼高手低，花钱大手大脚，完全不过脑子。她勉强上了一个专科学校，而且，还是在父母的协调下才最终毕业。女孩儿在20多岁的时候对瑜伽产生兴趣，一直练习瑜伽，她说练习瑜伽会让她感到平静和舒适。不过，用她父母的话说，女孩儿除了花钱、旅游和练习瑜伽之外，根本不考虑找工作的事情，这让他们十分苦恼。女孩儿的脑中有一大堆想法，每次在父母数落她的时候，她都会为自己辩解，说她有自己的人生规划，不过，按照她父母的话来说，女孩儿的那些规划听起来都十分"虚"。不仅如此，女孩儿在家里什么活儿都不干，只要躺在床上谁也叫不动。父母实在拿她没有办法了，只好求助。

这个女孩儿的确给人一种很超脱的感觉，她的父母跟我说，他们希望女孩儿能够成长，而女孩儿却认为父母过于看低她了，并且一直在与父母争吵。我告诉女孩儿说，父母并不是心疼她花钱，而是心疼她"随心所欲地"花钱，因为赚血汗钱很辛苦。我建议女孩儿以后无论做任何与花钱有关的决定时，一定要把"不随心所欲地花钱"考虑进去，我向她保证她会有新的体验。这个女孩儿听完后沉默了一会儿，在我与她的父母交谈时离开了半个小时左右。女孩儿回来时手里拎着一袋面包，她没有说话。但是，她的小举动似乎有意让我注意到这袋面包，我意识到女孩儿可能想要示意我，她刚才花钱时采纳了我的建议，而且感觉并不坏。

女孩儿父母口中的女孩儿没有责任心、没有生活方向，做事情三分钟热血，以及眼高手低的表现，和她过度地做瑜伽，都说明她的前额叶正受到抑制,这影响了她在生活中可以获得通过一定程度的肌肉紧张,即警觉基础上的判断力、执行力和意志力等。显然,过度地做瑜伽并不会帮助女孩儿兴奋前额叶,反而会降低前额叶的兴奋性,使肌肉和精神过度松弛,不堪生活压力重负而逃离生活和责任,因此,让女孩儿做决定时多一分考虑就是在帮助她兴奋前额叶,它的难度并不大,女孩儿也完全可以办到。我也抓住那一刻告诉女孩儿,"你现在体验到的,就是你父母口中的成长之后的感觉"。此外,特别值得一提的是,双相情感障碍这类需要终身服药的重性精神疾病也可以通过长期坚持不懈地艰苦的神经兴奋/抑制平衡训练而获得痊愈。

附录

接纳"肉身"之旅
——一次心理治疗中的简短对话

(咨询者用字母"C"表示,治疗师用字母"T"表示。背景介绍:心理治疗中的男孩儿因为父亲突然离世之后开始思考诸如生死、灵魂之类的问题,因为青春期心理特点,男孩儿有点走极端,甚至想要抛弃自己的肉身。这类想法是很多患有抑郁的人们的特点,通过这次谈话,我帮助男孩儿接纳他自己的肉身。)

C:我认为灵魂是一种能量,存在于所有的东西中,大到太阳,小到原子。但是,生物的灵魂很特殊,它让生物有了生气,有了自主的意识。灵魂是个潜在的东西,主管生物体的生命活动,保证生物体正常的生命活动，比如细胞分裂，组织再生。生物的灵魂让它们有了额外的意识，比如今天想吃肉，我要往左走。物质是灵魂这种能量的载体，我认为生物的灵魂很特别的原因是这种能量强，需要更特殊的结构储存。当生物体受到创伤死亡，这种结构被破坏，灵魂这种能量失去容器，离开生物体，生物体失去了维持生命活动的能量，导致死亡。

T：嗯，你说的这个灵魂听起来是哲学上的，它涵盖了很多的层面，管理生命，产生意识，支持生物体的结构，使生物体有活力和生机。在生命科学出现之前，哲学被用来解释生命现象，它是整体的。

C：生物体的正常死亡应该是身体这个容器的衰老导致其结构无法维持灵魂存在的需求，灵魂离开生物体，导致死亡。灵魂这种能量离开生物体后，由于没有保存容器，在寻找新容器的过程中可能受到损耗，大部分可能都耗尽了，所以大部分人都记不住前世，可能也有些运气好的灵魂，刚离开容器就找到新的容器，过程不可避免会损耗，但他们仍然想得起一定的前世记忆，所以有了"孟婆汤"这个说法。

T：你的这个想法很新颖和独特。

C：也许吧！

T：你有前世的记忆吗？

C：我没有……原子也有它们的灵魂，只不过很弱小，但它们从不单独出现，既然由原子构成的刀、剑等可以有它们的灵魂，那么人的灵魂与它们进行潜意识中，但是人的主观意识不到的交流，形成一种默契，会不会就是以前的武侠小说描述的御剑飞行，或者是百发百中的弓箭手，毕竟《水浒传》里的人八百里开外射中天上的大雁，这个没有猫腻我可不信。

第二章　怪圈

T：东西用久了的确会仿佛日久生情一般，就如同十分默契的搭档一样。

C：就像是用电脑的人，让他不看键盘字母，他反而打字更快。

T：的确是，熟练了就成为自动的身体反应了。

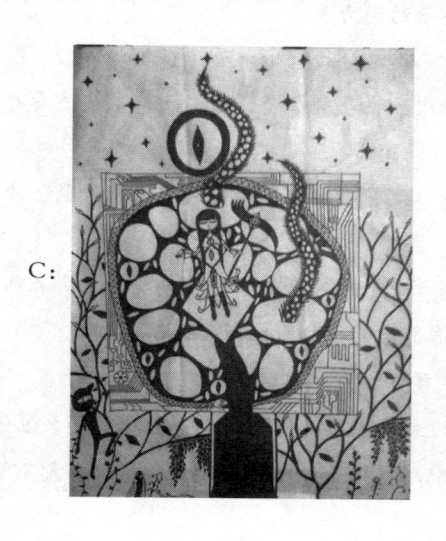

C：

T：这幅画有印第安人部落的艺术风格。

C：我没听错吧，我又不是大师，哪有什么风格，自己觉得怎么好看怎么画。

T：一些原始部落中的人们敬畏灵魂，敬神，他们对灵魂的理解与你有些类似，十分朴素但是不失科学。你说过你是跟着感觉作画，这来源于你的灵魂。

C：哦！

T：你可能需要更丰富的生活，做一些其他的事情来平衡你对灵魂的过度追求。

C：哪有啊，我觉得外面的东西没有意思，出去旅游也是花钱受罪，出去逛街一天下来腿也酸了。

T：你也可以选择读一些比较有内涵的书籍。

C：这些书我都看了。

T：哦，都是挺好的书。

C：看过一遍就没有再看的动力了。

T：一般来说，文学作品是这样的。

C：感动是挺感动的，道理也是那么个道理：活着，就是看身边的人不断离去。真的挺对的！

T：嗯，你把这些放在心里，了解就可以了，将来都是属于你的东西。

C：正义就算赢了，对于死去的人来说，公平吗？历史由胜利者书写，那么，只要能打能杀不就可以称王称霸了？

T：历史是客观的，除非你认为人们都想要隐瞒。

C：我以前有个骂人的女同学，能气死人那种，就是那么嚣张，告诉老师，压根不管，不敢对她动手，怕记过处分。这种人都不管，哪有什么和谐可言。

T：你认为历史是她能书写的吗？

C：的确是，这个社会哪有什么公正可言？还有一个无赖，自己吃饭从来不自己买，班上同学挨个抢，同学们一顿吃不饱，他反倒挺好，同学们联合起来告诉老师，可是没有用，老师只有一句话，"这个不归我管"。

T：所以你的老师给你们编织了一个不公正的世界，让你们以为世界就是他让你们看到的样子，一个狭隘的世界。你被限制在你的老师的视野当中了。

C："正能量"只是一个维持治安的幌子，要是真的都这么好，还要什么警察？

第二章 怪圈

T：在我看来，那个张狂的女生就是历史的弃婴，她必将被碾压在历史的车轮之下，而历史只会向前。所以，社会治安不是正能量维持的，是法制和社会公德等。

C：未来全要自己选，比如中考，报好高中，就不能报次等高中，一旦分数没到好高中的分数，直接刷到最差的高中，我就因为怕考不上，选了次等，结果我的分数到了好高中的分数线，却去不了。

T：所以下次选择上需要更加自信一点。

C：之后也是，根本不知道自己喜欢什么，自己擅长什么，可是高中逼着选科，又能有什么办法，只能硬着头皮选，之后想改就没机会了。

T：不知道才可以尝试。

C：那么多大学，以后去哪儿？只有这几年，我什么都不知道。不知道以后做什么，干什么，选择一错什么都没了。

T：我知道，因为我是过来人。你可以把目光放在生活上，看看你的周围，听听你的周围。

C：我的生活就是待在家里，家里比外面好得多。什么绿水青山，我看过之后，也就那样。在学校更没有什么地方可以放置目光，宿舍、教学楼、食堂，就这几个能去的地方。

T：这些看起来都是静物。你有体育爱好吗？

C：学校的单杠、篮球架、足球门都是摆设，压根不让玩儿，学校不让玩，不让动那些东西，我也见过只有体育生用过。

T：你可以尝试培养自己多注意教学楼和篮球架之外的东西，比如学校的树，篮球场和足球场。

C：我记得之前下雪，操场上都是雪，我当时很想打雪仗，可是我小学五年级之后就没有打过了，我记得当时我踩着雪，听着声音，可是连把雪拿起来都不行了。只有小学时打过雪仗，后来学校就不让玩儿了。看到雪,我还是能想起小学打雪仗的情景,也很想找人玩儿,但是家里附近没有同学可以一起玩儿。

T:你可以想象,回忆或者绘画你渴望的场面吗?其他的学校并不是那样的,你渴望的并不是无法实现的东西,只是在你的学校不能实现。

C:那终究是假的,这个和我玩游戏一个道理。

T:凭自己想象画出来的东西与跟着感觉画出来的东西并不一样,想象是一种主动的创造。玩游戏也是被动的。而且,身处狭小的空间并不应该限制一个人的想象力。

C:所以我才不想要那个肉体啊,要是我也是个假的该多好。不过,在游戏里我可以随意改变游戏里的场景,这个不是主动吗?

T:钢琴键有88个,却能创造出无限的音乐;画纸也是有限的,但是能画出丰富的东西。可如果没有钢琴键和画纸,是无法表达那些无限的。你只是忽视了你的身体,它并不像你认为的那样无用。游戏也不过是在游戏的规则的控制之下。

C:现实不也是吗?你可以用两只手按下44个键吗?

T:所以才需要运动。运动和练习使手指灵活,随意弹奏。

C:你可以把钢琴放在下面,自己躺着弹吗?

T:的确有人可以用屁股弹琴。

C:我想从卧室直接走到厨房。

T:那就站起来,然后走过去。

C:(笑)你有什么想说的吗?我已经没有话题了。

T:没有。

C:那好,以后见。

T:以后见。

……

参考文献

夏皮罗, 2014. 让往事随风而逝 [M]. 吴礼敬译. 北京: 机械工业出版社.

彼得·莱文, 2017. 创伤与记忆: 身体体验疗法如何重塑创伤记忆 [M]. 曾旻译. 北京: 机械工业出版社.

张昀, 2019. 生物进化 [M]. 北京: 北京大学出版社.

爱德华·伯克利, 梅丽莎·伯克利, 2020. 动机心理学 [M]. 郭书彩译. 北京: 人民邮电出版社.

艾瑞克森, 2015. 体验催眠: 催眠在心理治疗中的应用 [M]. 于收译. 北京: 中国轻工业出版社.

斯坦尼斯拉斯·迪昂, 2018. 脑与意识 [M]. 章熠译. 杭州: 浙江教育出版社.

约翰·巴奇, 2018. 隐藏的意识: 潜意识如何影响我们的思想与行为 [M]. 柴丹译. 北京: 中信出版社.

詹姆斯·莫里森, 2019. 实用心理诊断 100 例: 心理医生临床诊断原理和技术 [M]. 美同, 王芩卉翻译. 成都: 四川科学技术出版社.

贝克, 2013. 认知疗法: 基础与应用 [M]. 张怡等译. 北京: 中国轻工业出版社.

于松, 唐洪亮. 阿片类物质成瘾及戒断后康复的综合心理干预思考 [J]. 中国卫生产业, 2018, 15(29): 92-93.

Chapter **03**

第三章

旅程

我的心经常是认真与安静的,不陷入忧郁。

——艾萨克·牛顿

我在很多影视片当中看到心怀远大志向的修行者踏上对他们而言未知的旅程。他们在即将出发的那一刻遥望远方，目光坚定，胸中仿佛燃起了熊熊烈火，斗志昂扬。他们虽然不知道将面对什么，但是他们笃定自己有决心、有勇气，并且有能力战胜一切困难和挑战。中国有句古话："不听老人言，吃亏在眼前。"就像第一次出门旅行一样，不管多么神勇的人，在出发前做好"老人言"的准备也是十分有助益的。比如，备一张地图，或者导航仪，去寒冷的地方提前备好衣物和感冒药，敏感体质的人常备抗过敏药，容易水土不服的人备好调理肠胃的药品等。在这一章，我邀请读者了解一些在人生旅程中不能否认、忽视和回避的心理层面上的挑战。我希望它能成为那些即将和已然踏上旅程的人们的"常备药"。

第一节　灾难

我在本章节要为读者讲述的灾难并不是指偶尔会发生的诸如洪水、台风，以及火灾等自然界的灾难，也不是指一些无法预测的无常，比如车祸、海难和空难等，而是每一天都会发生在生活中的人际灾难。它们是生活在社群中的任何人都无法逃避的，对我们身心的影响是潜移默化的，给我们身心造成的伤害是累积性的。下面我将一一介绍它们，不过请记住，它们还并不是全部。

灾难之一：家庭

请读者看图3-1，不当的家庭养育带给我们的灾难是伴随一生的。即使当初那个伤害我们的人已经不在了，伤害我们的事情也已

图3-1　伤害的家

经十分地久远。但是，伤害的阴影就如同挥之不去的噩梦一般仍然在反反复复地侵扰我们，影响我们的自我认知，以及生活的方方面面。不仅如此，它还会伴随着基因传递给我们的后代，就像我在第二章介绍的那样。

有一句网络流行语说的是，"丑陋的皮囊千篇一律，美丽的灵魂百里挑一"，家庭伤害有点类似于此。好的家庭养育是以"爱"为根基的，它主要是说"爱"把爱的对象视为独立的个体，而不是自己的附属品，尊重对方的独立和成长。但是，很多人无法做到这一点，因为他们在自己的成长过程中也未曾被尊重过和允许成为他们自己。因此，他们也并没有学习如何尊重他人和赋予他人自由。相反，最极端的家庭伤害莫过于无视子女的独立和自由，不能接受子女可以有自己的想法与情感，这种极端的家庭养育常常发生在父母一方患有精神疾病的情况下，比如自恋症。患有自恋症的人无视别人的存在，只把别人当成自己的延伸。他们没有感同身受的能力，也从不去体会别人的感觉，更不具备为别人着想的能力。自恋的父母无法适当和正确地回应子女的情绪和状态，也不会体会他们的需要。因此，在他们的子女长大成人后也很少懂得去体察别人的感受。

我曾经看到过一个案例，案例中的女孩儿从青春期就开始因为精神分裂症反复进出精神病院。后来，女孩儿在30多岁的时候有幸接受一位心理专家的治疗，并且很快好转。这个女孩儿的父母看上去都是谈吐十分高雅的人。但是，与她的母亲深入交谈就会发现，这位母亲就像是一个"混沌"。心理专家向她介绍女孩儿的改善状况时，她并没有表现出一丝的高兴。相反，她表现出极度的痛苦，而且眼泪汪汪，不断地重复，"我的女儿活得太痛苦了，她太可怜了，她一辈子都在受苦……"

显然，这位母亲口中的那个可怜又受苦的人是她自己，她在年

第三章　旅程

轻的时候就时而陷入自哀自怜，时而陷入自我幻想的狂热。在这些时候，她根本无法顾及别人。比如，在她自哀自怜时，当女儿告诉她自己在某门课中得了A，她就会回应："快去睡觉吧，为了这个A看把你累的。"在她狂热地自我幻想时，当女儿告诉她被班级的男同学欺负了，她就会说："你的班主任××先生的脾气真是太好了，他真了不起，他怎么能够忍受你们这些孩子啊！"

　　我曾经接触过一个患有抑郁症的男孩儿的母亲，她来我这儿咨询有关孩子抑郁症的情况，想要给孩子做心理辅导。她在向我介绍孩子的状况时一直在强调孩子如何被老师不公平地对待；她为了孩子好，如何与那些老师周旋；她简直做了她能做的一切……我从这位母亲的话中听出来，事实上，她来找我并不是为了她的孩子，她想发泄她心中的愤怒；想告诉我她真的很努力，她在为了孩子尽心尽力。她一直在做正确的事情，但是，生活却一直在辜负她，在不公平地对待她。她为了孩子做了这么多，如果孩子无法受益，那并不是她的责任等。在与这位母亲道别之后的某一天，我在一个马路边上偶遇了她。我看见她神色慌张、目不斜视、十分匆忙地走着。我向她打了一声招呼。这位母亲转头看见我的时候怔了一下，之后，她朝我走过来。她卷起上衣袖让我看手臂上打过吊瓶留下的痕迹。她告诉我，她为了孩子，生病了……

　　事实上，真正需要治疗的并不是那个男孩儿，而是他的母亲。在面对这些家庭的时候，我们不能去指责那个抚养者，也没有办法揪出造成家庭伤害的"罪魁祸首"，我们也没有时光机，可以让我们回溯到几代之前，而寻找"替罪羊"更不可取。虽然，我们当中的大多数人并不是自恋狂，但是，我们也都可能在很多情况下，因为没有顾及他人的感受对他人造成或多或少的伤害。即使，那并不是我们的本意；而我们即使再艰难，也必然要在成长的过程中学会独

- 173 -

大脑与我们：摆脱绝望，走出怪圈

立，学会区分自己与他人，学习如何照顾自己，不依赖于别人。

灾难之二：校园

校园暴力在现代的校园中已经十分常见了。不仅如此，校园暴力事件已经升级为"教师版"。对学生们施暴的教师十分霸道，他们经常非但不会被惩罚，还会成为教师界的红人，作为优秀教师被追捧。

我接触过许多患有抑郁症的学生，他们因为学习成绩不好被老师"施暴"。有的老师直接说："你的成绩这么差，你还不如去死！"听起来好像是在骂自己那个不争气的情人一样。还有的老师联合同学们一起针对成绩不好的学生"施暴"。他们让班上的同学一起攻击学习成绩不好的学生，让他们知难而退。他们告诉班上的同学们："如果这个差生不参加考试，我们班的平均分就不会被他拖低，我就减轻你们的作业负担。"除此之外，还有一些老师使用羞辱的办法"施暴"，他们想尽各种办法，使用各种损招儿使犯了错误的学生

图3-2 伤害的校园（供稿：王鑫洋）

第三章 旅程

在同龄人面前出洋相、无地自容；另外一些老师使用直接的暴力方式……而且，他们这样做可能就是因为某个学生把答案写在卷纸的不合适的位置上；更不要提个别道貌岸然地对学生们进行性骚扰的卑劣之师了。

校园是圣洁的地方，教书育人也是一件神圣的事情。过去人们认为，只有那些心灵纯净的人才能担负作为教育者的大任。而且，在这样的认知之下，人们也习惯于向教育者投注信赖的目光，认为他们知道什么是对的，并且在做正确的事情。事实上，我们现在所经历的是，在教育历经数十年的发展之后，已经变换了模样。

有些教育者们可能认为他们有很多理由这样做，而且他们这样做也是为了学生们好，让他们早点认清社会现实。

我无法知道在这样的教育环境下成长的孩子会变成什么样子，也不知道他们将会拥有怎样的心灵和人格。即使他们最终"得益"于这些老师的极端教导拥有了金钱、权势和地位，他们会不会感激当年所受的教育？他们又会怎样教育他们的后代呢？那些因为这些教育销声匿迹的孩子们又会背负怎样的负担？除了当事者，我们不得而知。

灾难之三：职场

请读者看图3-3，如果你立即就明白了这幅图的含义，那么毫无疑问，你也是一个职场中的受害者，无论你是左侧那个人，还是右侧那个人。很多人都知道，现在市面上出售有各种各样、形形色色的书籍在教授人们如何"混"职场，不仅仅是在教你如何明哲保身，还在教人们如何藏刀和使刀。因此，那些先前受到伤害的"软弱"之人随时都可能在擦干眼泪的那一瞬间变身成为一个铁面、强悍而且心狠手辣的"老毒物"。而且，在某些情况下，这样的变化

图3-3 "混"职场

经常会获得回报。它被认为是"终于摘下了虚伪的善良和纯真的面具，变得成熟、老道而且现实"。一部分人在这当中逐渐变得精于此道，并开始享受其中的乐趣。他们还给它起了个有趣的名字，叫作"GAME"，并且给这个GAME制订了规则，即"认真，你就输了"。于是，在GAME至上的职场中，人们开始不思进取，任谁也不敢认真地对待手头的工作。他们害怕一副认真的模样在GAME的世界中太过引人注目，而他们自己也会因此像个傻瓜一样，随时都可能在没有注意到的情况下被那些暗藏角落的、妒火中烧的小人摆了一道。因此，人们不得不被动地选择相互监视、相互琢磨、钩心斗角，处处提防。他们整日身心俱疲地玩着这个自我耗损的GAME，口中不停地高喊"人为财死，鸟为食亡"，而且不惜为此抛家舍业。

很多人在这样的职场中迷失了自己，遗忘了初心。职场中的相互倾轧、职场中泛滥成灾的小人和发生在职场中的不正当感情和关系让身居职场中的人们疲惫不堪，使他们不仅患上了各类身心疾病，如失眠症、抑郁症和高血压、心脏病等,有时还会给他们的婚姻家庭生活笼罩上一片阴云。不仅如此,有些人已经深陷其中,无法自拔了。

灾难之四:社会

在家庭、校园以及职场中遭遇创伤的人们最终会走入社会。如果把家庭、校园和职场比作江、河,以及湖,那么,社会显然就是海洋。它听上去更具包容性,而包容性本身就是一种疗愈创伤的力量。不仅如此,大海本身还具有自净的能力,因为在它的内部充满着丰富的多样性。这意味着来自一江、一河、一湖的污染物并不会污染整个大海。我们也希望我们的社会具有大海一般的功能。无论一个人在家庭、校园和职场当中经历过什么,他的心中只要还留有一束光芒,无论这个人在何处获得它,也无论它看上去是多么的微弱,这束光芒就足以成为这个人活下去的一种坚持。我们经常会听到某些灾难中的幸存者在讲述他们是如何活下来的时候说,在他们想要放弃生命的时候,他们看到了向他们伸出援助的双手,它就像

图3-4 行医者

来自天国的光芒一样，让他们重新燃起了生命的希望，使他们死里逃生，并且使他们决定在往后的生活中尽其所能地去珍惜他们的生命。我认为这样的人是幸运的。事实上，作为人类最大的幸运可能也不过是捡贝壳的孩子，发现自己已经在不知不觉中来到了一片藏满珍珠的海滩。

很多时候，有些人在遭遇不幸之后不知道去哪里寻找真正能够帮助他们的人。这些人常常好不容易爬出沼泽，又掉进了火坑。这种情况看上去有点类似那些生了小病的人来到医院之后，遇到的却是盯着他们的钱包而不是病症的开处方的医生。不仅如此，小病还被不良医生治成了大病。不过，就像我在第二章中讲述的，这些人可能正在遭遇他们生活中的一个个概率。而且，如果他们自己没能意识到他们的命运正在被隐藏在他们大脑中的仲裁者推动，并采取有效的应对措施，恐怕也没有人会知道究竟是什么应该为他们的遭遇负责。毕竟，以人类之身，即使思想可以四处漂流，身体还无法实现穿越……

灾难之五：婚姻

你的婚姻让你感到幸福吗？你可能已经结婚多年，而且已经有了不止一个孩子。至今为止，你仍然毫不犹豫地认为他/她对你而言是那个对的人，而对方也是这么认为的吗？图3-5中所表现的是现代很多婚姻关系的状况。我们看到，婚姻中的两个人相互排斥，看到对方就像看到敌人一样，彼此冷眼相对。两个人都在期望和等待对方的妥协，谁也不想让自己在对方的面前显得"微不足道"；他们甚至十分厌恶对方，宁可背对对方也不愿意看到对方的脸。但是，这两个人仍然有很多理由，比如孩子、面子，以及相互之于对方的"好处"或"利益"等等不得不十分委屈地挤在一个屋檐下，艰难地相

第三章　旅程

图3-5　婚姻冷暴力

互依靠。更加糟糕的是，他们并不想改变什么，或者也无力改变什么，他们甚至也无法想象没有对方的日子是否会更加"糟糕"？这也是在中国文化中常见的"将就"文化。

这样的婚姻常常使深陷其中的人们感到十分地疲惫，使他们压力重重，使他们不得不时刻处于紧张警惕之中。家对于他们来说不再是可以放松身心、获得休憩的地方。相反，它是另一个弥漫着硝烟的战场。于是，这些人的生活就仿佛被强逼要永不停歇地辗转一个又一个的"战场"似的。这样的生活使得他们的身心俱疲，有很大一部分人因此患上了失眠症、焦虑症、抑郁症和高血压、心脏病等疾病。

灾难之六：朋友

图3-6是众所周知的《最后的晚餐》，它是由意大利文艺复兴时期的伟大艺术家达·芬奇画作的。画中表现的是基督耶稣被它的信徒犹大出卖。图3-7中的人物是意大利文艺复兴时期的伟大诗人但丁·阿利盖利，他所著的《神曲》至今为止仍广为流传。很多人可能不知道，但丁也曾被他的朋友出卖，而且还差点因此丧命。之后，他有好长一段时间隐姓埋名，流浪他乡，《神曲》就是他在这个时候创作的。

图3-6 最后的晚餐

图3-7 但丁·阿利盖利

第三章　旅程

《神曲》主要包括三个部分,《地狱》《炼狱》和《天堂》。在《地狱》中,但丁将地狱分为九层,罪人的灵魂按照他们生前所犯的罪孽分别被放在九层地狱中的不同层级上。其中,最深重的罪孽就是背叛之罪。犯了背叛罪的灵魂被放在地狱的底层,也即第九层,由撒旦看守。但丁笔下的撒旦力量强大,但是却被禁锢,它用嘴撕扯背叛者的灵魂,从眼里流出血和泪……

遭遇背叛,无论是来自亲人、朋友还是配偶的背叛,都会在人们的心灵上留下深刻的,而且很难治愈的伤痕。我们仍然可以从图3-7但丁的神情中看到他曾经遭遇的背叛刻在他心灵上的疤痕。在《神曲》中,他把背叛之人的灵魂放在第九层地狱,由撒旦看管,而这个撒旦很可能就是但丁按照他自己当时的身心状态创造出来的形象。但丁曾经拥有政治地位和政治理想,却因朋友的背叛不仅差点惨遭火刑,还在很长的一段时间里不得不隐姓埋名地躲藏着过日子。他对背叛他的朋友的复杂感情借由在《地狱》中所创造的撒旦形象表现出来了。而且,就如同力量被禁锢起来的撒旦不得不终身看管背叛者的灵魂一样,但丁也或许未能完全摆脱魔咒。

除了但丁之外,遭遇背叛之痛也在侵袭着生活在现代社会中的人们。我们在很多地方可以看见人们在用各自的方式述说着这种痛。比如,"很多人不需要再见,因为只是路过而已……"

"伤得再痛,痛不过背叛的伤痛!"

"背叛你的人做过的最可恶的一件事是毁了你心中对信任的边界,让你开始疑神疑鬼,对身边的一切小心翼翼……"

"我清楚人心险恶,所以我并不奢望谁真心待我!"

"我们的信任,将经历多少次背叛;又有多少背叛,值得我们再去信任……"

……

背叛带给人的伤痛的确深入骨髓，它剥夺了一个可以信任的、稳定存在的世界，使人常常陷入"不安全""被否定""被杀死"的恐惧和痛苦当中，这些都可能使那些遭受背叛的人迷失。

灾难之七：机器人

我记得几年前出现了一个十分热门的话题和角色，它就是机器人"大白"。大白被人们喜欢是因为它十分会安慰人，它被认为是一个十分可靠又非常善解人意的交流对象。不过，看图3-8我们就知道，并不是所有的机器都像大白那样。图中的这个大白正让与它对话的人十分恼火，甚至已经不得不抡起锤子，要把它砸碎了。

有一些科技工作者相信，机器人会比人类更善于交流和沟通感情，会比人类更懂人类，我不知道他们因何那样认为。不过，我推测他们研发出的智能机器人想必可以比他们的配偶、伙伴和孩子们与他们交流得更好。此外，他们也可能是一些十分喜好分享的人，他们"幸运"地交往了一位"智能又完美"的"神人"，这使他们开

图3-8　沟通的游戏

第三章 旅程

始同情那些"单身汉"和在婚姻中挣扎的人们。于是,他们想出了一个如何能与全世界的"可怜人"分享这个"智能又完美"的"神人"的好方法,即,开发出"智能又完美"的机器人,并且想象一定会大卖。

现在,很多企业为了节约人力成本和提高服务效率,在服务一线设置了智能语音服务。有时,在不知道提供服务的对象是智能语音的情况之下,你会感到你正在面对一个自恋狂,或者是在被玩弄,或者在被强迫为对方的错误承担责任。我跟读者简单分享一个我曾经与智能机器打交道的例子,有一次我不得不登录一个售后平台:

售后:"请问,有什么能够帮助你的?"
顾客:"你好……"
售后:"请你从下面的条目中选择你的问题。"
顾客:"条目中没有列出我的问题,我遇到的问题是……"
售后:"你的提问方式不对,请从下面的条目中选择你的问题。"
顾客:"条目中没有列出我的问题,我遇到的问题是……"
售后:"请你按照要求提问,否则我们无法解答你的问题。"
……

我不知道读者看到这段对话之后会有什么样的感觉,如果你面对这样的交谈对象,你是不是也会像图中的那个人一样,想要抡起锤子砸碎那台冷漠的智能机器?如果在与智能机器打过交道之后,你终于能联系上一位人工客服,最后把你的问题解决了,你是不是会松一口气,感到有人真的是太棒了!然后想到有一天,如果这个世界上提供一线服务的全部是智能机器,再也无处找寻人工客服了,你会不会有种世界末日的感觉呢?说到这里,有些读者可能就理解了,我并不是在诋毁智能机器人,也并不是在否定未来科学的一些可能发展趋势,我所讲述的是人际沟通,以及那些并不真诚和友好的、游戏式的沟通方式带给人们的伤害。

灾难之八：无知

知识是为行走于黑暗中的人们照亮前路的明灯。在漫漫进化史中，这盏明灯是伴随着具有表征能力的神经系统的出现而出现的，它使生命体可以有感受和感觉，因此可以认识；而无知相当于生物体废弃了在进化中获得的可以表征的能力。有些无知是被蒙蔽了双眼，有些无知是主动性的选择；无论哪一种无知，无知带给人的灾难都是毁灭性的。因为，它相当于黑暗中的行人失去了明灯，要永远停留在黑暗中一样。

到目前为止，我们对于世界的认识还相当有限，它们只不过是冰山一角。冰山之下的部分对于我们来说就仿佛暗黑的世界一样，我们需要一盏能够帮助我们照亮前路的明灯。否则，我们或将使自己困于"已知的"那一点点模糊的光亮之下，或将在黑暗中迷失方向。

图3-9　蒙起双眼

第二节　重建

　　遭受重创的心灵只有重建之后才会重新焕发生机，甚至可以去开创新的可能性，这就像遭受自然灾害的城市在重建之后展现出的那些动人之处一样。遭遇灾难意味着被攻击、被破坏，意味着一个世界的垮塌，一个王国的沦陷。但是，它并不等于末日，也并不意味着你不能够为自己再建一个世界，再造一个王国。不过，心灵的重建可能比重建一个城市要难很多，它与工人们简单地按照图纸和架构的样子去砌砖不同，它需要像外科医生处理被细菌感染的伤口那样，消毒、切开、清创、然后缝合。之后还需要悉心地照料伤口，定期消毒，更换敷料，避免二次感染。最后，还要有足够的耐心去守候自然生命的愈合过程。它并不简单，但是它可以完成。

　　心灵的重建是通过重塑大脑中的神经回路来完成的，切开、清创的过程相当于清除侵蚀和摧残我们心灵的"限制性信念"，它指向我们的过去，意在疏通神经回路中的瘀堵，理顺信息传递的通路，或者开发新的神经通路；缝合以及后续的管理就是使用清创后的大脑为我们重建一个世界的过程。而且，这个新的世界不是之前那个世界的复制品。事实上，这两个过程都不简单，它需要我们了解这个重建的过程，并且有一点勇敢，有一点坚忍，有一点信念，还有一点点信心和耐心。

　　我在第一章为读者介绍过，神经信息的传递依靠的是在神经末梢释放的神经递质，神经兴奋/抑制的失调就是神经递质的释放与吸收异常，神经回路的建构和重建都是在神经递质的参与下完成的。

而且，它们从我们出生后就开始了。神经递质发生变化，就会影响神经回路的运转。比如，很多人在喝了咖啡之后会感到活力焕发，生活美好，工作劲头十足，大脑中充满了各种奇异的想法和数不尽的工作思路，甚至想过性生活。而在喝咖啡之前，他们毫无性欲，萎靡不振，感到什么都做不好。因此，调整大脑中神经递质的释放和吸收，改善神经兴奋/抑制失调就可以重塑大脑中的神经回路。下面给读者介绍大脑中的一些主要的神经递质和它们发挥作用的通路，了解这些既可以减轻人们因对精神类药品的敌意和误解延误疾病的治疗——比如，有研究表明，在对精神障碍的治疗上，治疗开始的时间只差短短7天，治疗效果就会截然不同；推迟治疗带来的影响可能持续一年乃至更长时间等——也有助于有的放矢地进行心理治疗。请记住，它们仍然只是冰山一角。

一、神经递质与神经递质通路

1. 神经递质

（1）5-羟色胺（5-HT）

5-羟色胺（5-HT）又叫作血清素，它是由色氨酸（一种氨基酸）在酶的作用下经过一系列的化学途径形成的。5-HT主要参与调节生物体的情绪、饮食、睡眠与觉醒，以及痛觉。在人们出现情绪、睡眠、饮食等问题时，他们大脑中的5-HT也发生异常。因此，一些调节大脑内5-HT的药物被用来改善人们的抑郁和睡眠等问题。

（2）去甲肾上腺素（NA）

去甲肾上腺素是由酪氨酸（一种氨基酸）在酶的作用下经过一系列的化学途径形成的。它参与维持大脑的醒觉、自主活动，增加生物体对周围事物的关注度。大脑中去甲肾上腺素水平的异常就会影响生物体的醒觉状态和主动注意等，因而也会影响他们的专注力水平。因此，一些调节脑内去甲肾上腺素的药物可以改善儿童和成人注意力缺陷与多动（ADHD）。

（3）多巴胺（DA）

多巴胺也是由酪氨酸在酶的作用下形成的，它参与运动、注意、学习和成瘾。脑内的多巴胺过量会引起幻觉、妄想、思维异常和精神狂乱。因此，许多抗精神病的药物通过调节神经元轴突末端释放的多巴胺改善精神病性的症状。

（4）γ-氨基丁酸（GABA）

γ-氨基丁酸是大脑内十分重要的抑制性神经递质，主要参与平衡大脑的兴奋性，反馈性调节多巴胺等神经递质的释放。它的异常会使大脑过度兴奋而失控，癫痫、成瘾、失眠和精神病性的活动都属于这类情况。因此，增加大脑内γ-氨基丁酸的药物可以改善出现的上述情况。

（5）内源性阿片肽

鸦片、吗啡和海洛因等都属于阿片类的毒品，它们因为全球性的滥用问题被人们广为了解。事实上，在生物体的大脑中先天存在这些毒品的"同源"物质，它们是一些肽类，又被叫作内源性阿片肽，如β-内啡肽等等。这些肽类对生物体的作用与阿片类的毒品是相似的，它们可以使生物体产生欣快感、快乐、忘忧以及镇痛。它们参与大脑内的奖赏性神经回路，可以"致成瘾"，使生物体沉溺于各类病态行为。

（6）内源性大麻素

内源性大麻素是脂类，适量的大麻素具有镇痛和镇定的作用，能够增强食欲，在神经轴突的末端调节神经递质的释放等等，过量

大脑与我们：摆脱绝望，走出怪圈

会导致精神病性症状，损害注意力、记忆力和感知觉等。

2. 神经递质通路

释放5-羟色胺（5-HT）、去甲肾上腺素(NA)和多巴胺(DA)的神经元核团分别叫作中缝核、蓝斑和腹侧被盖区，它们均位于脑干（如图3-10）。由这些神经核团发出的神经轴突投射到大脑的各个脑区，比如，额叶、基底神经节、海马、杏仁核、下丘脑等。这些神经递

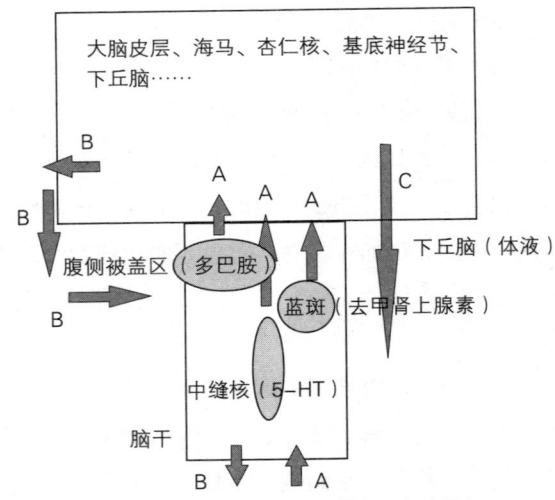

图3-10 5-HT，去甲肾上腺素和多巴胺在身体和大脑中的通路模型图；来自身体内的动力学变化信号通过自主神经系统和体液通路自下而上地传导（A通路），经过脑干引起位于脑干中的神经递质核团释放神经递质，引发可以被意识到的情绪。大脑CEO决策之后自上而下（B通路）地对体内动力学信号进行反馈，一部分神经通路径由脑干下行，一部分通过体液通路下行。请注意，这个模型图是一个相当简化的版本，实际发生在这两个通路中的情况要复杂得多。

第三章 旅程

质参与情绪调节和大脑醒觉等等，它们在脑干的释放受到生物体体内动力学状态的影响，并且接受高级脑区的反馈。比如，体内动力学的变化通过影响位于脑干处的神经递质核团，如中缝核和蓝斑释放的5-HT和NA水平引发情绪，使生物体产生需要和动机，引发生物体的反应和行为等。无论生物体对这些是否有意识，它们都能够帮助生物体恢复体内平衡。此外，我在介绍"意识"的时候提到，这些神经核团所处的脑干部位受到损伤就会使生物体丧失意识。而且，有很多证据表明这些神经递质核团中神经递质的释放参与意识活动，并且受到意识活动的反馈性影响。一些临床观察显示，许多抑郁症患者，包括一些难治性抑郁症患者的抑郁症状在他们的意识水平提高之后就获得了充分的好转。扫描这些患者的大脑发现，相比症状好转之前，他们脑干的活动水平大幅地增加了。

　　遭遇心灵重创之后出现的精神心理症状实际上是由脑内的这些神经递质紊乱引发的脑功能异常所致，因此，调节这些神经递质在脑内的分布和释放水平就能够改善这些症状，精神类的药物和物理仪器正是致力于此；此外，心理治疗也能够通过"自上而下"的途径影响大脑内神经递质的水平，从而改善精神心理症状。不仅如此，相比精神类药物和物理仪器的单纯的"自下而上"的调节作用，心理治疗"自上而下"的调节赋予了患者主观能动性，因而它的治疗效果也更为持久，甚至可以治愈精神类顽疾。下面，我给读者介绍几类常见的精神类疾病和治疗。

二、战胜抑郁

我在第一节中提到了我们在成长、学习、工作和生活中都可能遭遇到各种类型的灾难，使我们大脑中的神经回路兴奋/抑制失调，引发短期或长期的、轻重不一的精神心理问题。其中，抑郁是最常见的精神类疾病之一，我在本章的附录部分附上了一张抑郁自评问卷，读者可以用它来初步检测一下自己目前的情绪状态。不过，请记住，如果结果显示你有抑郁，说明你目前正面临一些棘手的问题，而你很可能不知道该怎么办，你可能需要一些帮助。我建议你到正规的专业机构，寻找合格的心理专家的帮助。在接受帮助之前，你需要充分了解为你提供帮助的人的受训背景和执业情况。你可以询问，或者要求他们出示相关的证件。你需要知道是什么人在给你提供帮助，请不要为正当的自我保护感到内疚和自责。评估给你提供服务的人的资格和水平，并获得有所值的服务是你的正当权益；如果接受服务需要签订服务协议，请你花一些时间仔细阅读那些条款，在你不理解的地方询问并获得理解；如果你发现某些条款使你感到被侵犯，也请询问，在你确实能够接受的前提下再署名。我在这里简单介绍一些目前认为对抑郁有效的方法，罗列如下：

1. 抗抑郁的药物

目前市面上大部分的抗抑郁药是调节脑内5-HT的，如帕罗西汀、氟西汀（百忧解）、舍曲林、西酞普兰等，小部分抗抑郁药调节脑内的NA和DA。这些药物的使用历史久远，也十分有效，只是因为它们的某些副作用不能使大部分的人受益。此外，精神类药品是属于受

第三章 旅程

到国家严格管控的药品,因此只能在医院,由具有精神类药物处方权的专科医生开具,而且必须严格遵照医嘱服药才会有效。

值得一提的是,通常情况下,在你初次就诊时,如果医生在未充分了解你的病情的情况之下就为你开具了超过三种以上的药物,那么请你对此保持怀疑,无论这个医生的头衔有多么地"响亮",听起来有多么地"权威";另外,如果初次就诊时医生为你开具的药单上有两种,或两种以上的抗抑郁的药物,也请你保持警惕,因为这个医生可能并不了解你的病情,或者是过分地自大。他在开药时并没有充分的依据,因此他要么是在"瞎碰",要么就是"眉毛胡子一把抓"等。遇到这类情况时,请你向医生询问,并且充分理解,否则就不要盲目服药。因为过度用药就如同过犹不及一样,并不会给你带来益处。它不仅不利于你的病情,还会使你产生药物依赖,在减药时遇到很多本来不必要的麻烦。如果服药的前两周之内,你的情况并没有明显的好转,或者你的身体出现了任何不适的状况,请不要自行停药,或者急着更换医生或医院,除非你有充分的理由怀疑这个医生的能力、水平,或者品质。我建议你再次就诊,向为你开具药物的医生咨询,使他充分了解你的用药和病情变化的情况等,获得进一步的指导。请了解,在精神心理疾病的治疗过程中,这类情况是十分正常和常见的,它与精神心理疾病本身的特点有关。反复更换医院和医生会使任何医生对你的病情一知半解,这只会妨碍你从治疗中获益。事实上,单纯的药物治疗无法永久性地重塑大脑,因为神经回路的兴奋/抑制失调会经常发生并可能在某些情况下变得失控,大脑也在经常塑造它自己。因此,精神心理疾病的复发率非常高,这也表明,单纯倚靠药物的治疗,在停服药物之后的远期疗效是十分有限的。

2. 经颅磁刺激（TMS）

经颅磁刺激（TMS）是使用磁场使脑组织内产生电流，从而激活长期被抑制而失能脑区的神经元，使这些脑区重新活跃起来，发挥功能。图3-11展示了一个用于TMS的电磁线圈和它在人头部的位置。TMS常用排列成数字"8"形的一束导线来激活人类大脑皮层的神经元。刺激线圈放在颅骨上，使"8"字中央交叉点位于待激活的脑区正上方，电脉冲产生的磁场可以激活大脑皮层的神经元。TMS既可以激活，也可以干扰脑区的活动。

TMS可以被用来治疗抑郁症。我在前面的章节中介绍过，出现了精神症状说明大脑内的神经兴奋/抑制失调，某些脑区受到抑制而失能，某些脑区过度活跃。抑郁症的患者通常前额叶失能，扣带回和海马过于兴奋，这说明他们被困在了那些充满不良情绪和情感体验的消极记忆当中无法自拔。使用TMS治疗可以通过激活他们的前额叶，降低扣带回和海马的兴奋治疗抑郁症，这在临床

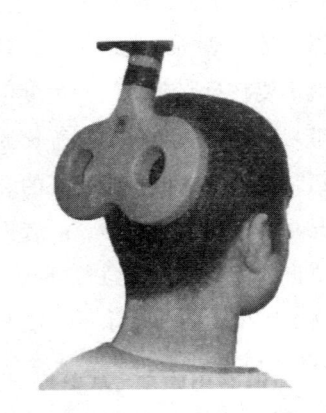

图3-11 经颅磁刺激；电流通过线圈产生磁场，激活"8"字形中间交叉点下面的大脑皮层区域。

上被证明是有效的。不过，与药物治疗类似，这些治疗是"自下而上"的。因而，在治疗中展现出的效果并不能持久。

3. 运动治疗

近些年来，运动也被列为可以改善抑郁的方法。而且，有充分的证据证明它是有效的。运动一方面可以增加脑内β-内啡肽的水平，

通过 β-内啡肽参与的神经回路改善脑内5-HT、NA、DA等神经递质的平衡，改善抑郁情绪；另一方面，运动可以增加肌肉力量和体能，提高心脏耐力和心功能，通过影响身体内环境中的各类小分子化学物质的释放水平"自下而上"地改善脑内神经元的兴奋/抑制平衡；运动还能够缓解由压力和过度工作所致的身体耗损引发的情绪问题和睡眠问题等；此外，运动还可以塑造身体的外形，增加运动者对自己的信心。

4. 饮食治疗

我在前面介绍过，脑内的神经递质，如5-HT、NA、DA等均来自氨基酸。因此，均衡的饮食也十分地重要。此外，一些维生素，如B族维生素，叶酸和一些微量元素，如铁离子等是神经活动的重要参与者，它们在生物体内的储备不足也会引起神经功能异常，因此，也需要注意补充。比如，一些嗜酒者的精神活动出现异常，不仅是因为酒精本身作为一种精神活性物质会直接损害神经细胞，还因为长期饮酒所致的维生素B的缺乏；贫血的患者也会出现异常的精神行为，因为叶酸、维生素B12，或铁离子的缺乏等。

5. 心理治疗

抑郁症的患者对自己、他人和世界抱有许多消极不良的"限制性信念"，这些"限制性信念"经常会在心理治疗的谈话中通过抑郁症患者的语言和非语言的信息表现出来。这些"限制性信念"常常来自抑郁症患者早年的不良关系经验、他们所受的教育以及环境，并隐含了许多适应不良的心理防御策略。心理治疗的过程就是在专业性的，如对话等形式的创造性的人际互动中逐渐消除患者旧有的、适应不良的，以及引发障碍的心理防御，使他们逐渐获得新的、适应性的、赋予功能和连接资源的心理防御,并形成对他们自己、他人和世界的更具适应性的新的理解与认识的过程,它经常涉及临床心理工作者恰当地分析与处理在治疗的过程当中实时发生的各类移情等的关系。一次富有成效的心理治疗往往伴随新的认识的产生与客体提升,无论是对患者,还是对临床工作者。

认知行为治疗(CBT):CBT是一种应用十分广泛的心理治疗方法,它由美国著名的心理学家阿伦·贝克创建。目前,CBT在全世界各地都已经被充分应用于临床治疗抑郁症,不仅如此,CBT也是目前公认的最具潜力和最有效的治疗抑郁症的方法之一。已经有充分的临床证据表明CBT可以改善求助者的抑郁症状,而且远期的疗效也被认为是理想的。使用CBT的临床工作者帮助抑郁症的患者寻找引发抑郁的"限制性信念",帮助他们意识到这些"限制性信念",并更正这些信念和/或采用对改善他们的症状更有效的信念。通过认知行为治疗引发的治疗效果通常被认为是来自激活并增强了前额叶的功能,我不在这里对CBT这种疗法进行过多的介绍,对这个方法感兴趣的读者可以搜索和阅读相关的书籍,以及我曾发表的一篇文章来了解它(见参考文献)。不过,无论如何都请记住,在合适的时候寻求专业的帮助仍然十分重要。

人们通常综合使用我在上面罗列的这些方法治疗抑郁症,尤其是在抑郁症的治疗初期,借助药物和物理方法快速稳定和改善症状是十分合宜的。此外,规律地进行心理治疗、补充营养、运动和阅读一些有益的自助指南也十分地有帮助。不过,就如同我在前面介绍的,由于境遇不同,人们的大脑神经回路也会存在个体差异。因此,在阅读自助指南的时候,读者可以根据自己的现实情况进行取舍。请记住,不需要给自己设定时间限制,规定自己在1个月或者3个月内就要痊愈,即使自助指南承诺你会在那个时间之内痊愈。请尊重你自己的时空，遵循生命的自然痊愈过程，接纳大脑的可塑性和神经兴奋/抑制"竞争性"平衡，关怀自己，尽力而为。

三、战胜失眠

我想患有失眠症的人在失眠之前一定认为在他们的生活中有许许多多比睡眠更重要的事情，就像很多人在失去健康之前，把健康放在十分不显眼的位置上一样。比如，一些患有惊恐障碍的人，他们在患病之前常把"不怕死"当作口头禅。他们恣意糟践他们的身体，疯狂工作，超量使用烟草和酒精等精神活性物质，纵欲妄为，直到他们患上惊恐障碍，使他们频繁不受控地陷入"濒死"恐惧。这种情况有点像某句"至理名言"说的，"人们常常在拥有某些东西的时候不知道珍惜，在失去了之后才会意识到它的弥足珍贵……"不过，讽刺的是，人们在患上失眠症之后，仍会习惯性地忽视睡眠，他们认为在上床前做各种"恐惧失眠"的遐想比睡眠更重要。我在本章附录二中附上了失眠严重程度指数量表，读者可以尝试着从做这个量表开始关注自己的睡眠情况。如果发现你现在正遭受睡眠问题，请你像在例行的体检中发现了身体病恙一样去看待它，我在下面介绍的内容或许也会对你了解睡眠有帮助。

我在第一章中介绍过，人们在失眠的时候，在睡觉前他们大脑中的兴奋性信号会频频在"竞争"中取胜，这说明大脑中的神经兴奋/抑制失调。能够引起神经兴奋/抑制失调的因素有很多，比如我在第一章（图1–10）中介绍的，一些疾病、药物所致的体内某些小分子物质失调会通过神经、体液途径影响神经元的兴奋/抑制平衡，引发失眠；患有各类精神心理疾病会因为5-HT、NA等神经递质的异常导致失眠；现实压力问题，比如各种人际压力、工作压力等会过度占用大脑的兴奋区,引发失眠;长期熬夜也会使体内生物钟紊乱引发失眠等。此外,一些不良的睡眠行为也可能引发失眠。比如,睡前运动,睡前饮用咖啡和茶等致兴奋的物质,习惯于在床上工作、打游戏和思考问题等等,不过这些因人而异。

治疗失眠需要解决导致大脑神经兴奋/抑制失调的问题。比如,治疗身体疾病、更换引起失眠的药物、治疗精神心理类疾病、处理现实问题、纠正不良的睡眠习惯及使用助眠药物等。此外,一些睡前的身体按摩,舒缓神经的放松训练,温水浴和心理治疗等也有效果。有些人患有严重的失眠,这使他们不得不大量地使用助眠药,比如大量使用阿普唑仑、氯硝西泮等,或者联用多种药物,并且产生严重的药物依赖。事实上,在这类情况下,你可以尝试使用睡前按摩和放松训练,并合用小剂量的助眠药。此外,我建议有睡眠问题的人,无论你是否被诊断为"睡眠障碍",在家里常备一些苯二氮卓类的镇静催眠药物,如阿普唑仑等,它们是改善脑内 γ-氨基丁酸的药物。请你在十分必要的情况下小剂量地使用它,这是因为你需要在某些必要的关头很容易地获得帮助,以避免量变积累到质变,使疾病的治疗难度加大。值得一提的是,很多人并不了解睡眠生理(请看专栏:睡眠的生理与功能),这导致它们可能病急乱投医。我曾经诊疗过一位女士,她的内分泌失调很严重:她面部的皮肤发红、质脆、布满血丝,可见许多湿疹;她的月经失调,肾上腺皮质激素失调,促甲状腺素也异常。此外,她也失眠。这位女士对我说她曾经有过各种各样的灵异体验,某个"神灵"曾让她看到过地狱的样子,看到地狱中的人们在受苦,并使她意识到,她有一个要拯救世界的使命……这位女士的婚姻十分不幸,她嫁给了一个情绪极度不稳定的偏执狂,只是因为这个偏执狂也有过灵异体验,因此,他能够理解这位女士。与这个偏执狂一起生活使这位女士极度没有安全

第三章 旅程

感,她长期失眠,并寄托于从宗教信仰中获得救赎。虽然一开始宗教办法对她的失眠有一些帮助,但是没过多久就完全失效了,因此,这位女士来到了医院。

我问这位女士是否在阳光下晒过被子?她说是。然后我继续问她,是否还记得晒过的被子上留下的太阳的味道?是否还记得晒过的被子抱起来又舒服又柔软的暖暖的感觉?这位女士想了一会儿告诉我,"记得"。我告诉她,闻着被子上那股舒服的太阳的味道,感受着舒服又柔软的感觉才会帮助她入睡。这位女士长期处于不安全的恐惧当中,她的杏仁核一直兴奋不止,并通过杏仁核—下丘脑—内分泌腺回路(图3-12)引起整个体内环境的失衡,大脑中的神经

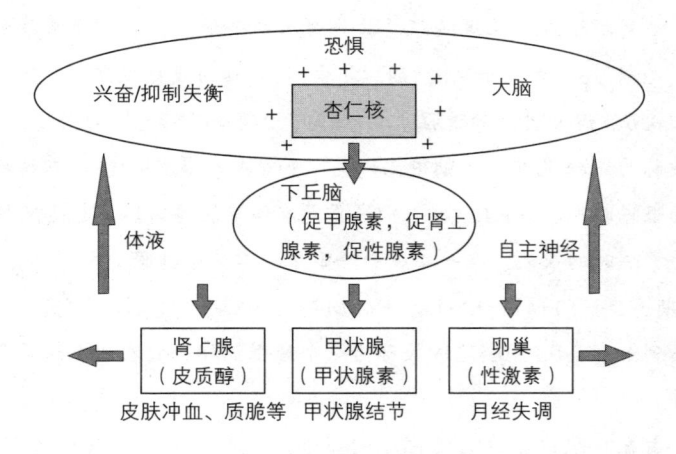

图3-12 杏仁核—下丘脑—内分泌腺通路:我们看到长期的恐惧使杏仁核过度兴奋,大脑兴奋/抑制失调,通过杏仁核—下丘脑之间的神经联结使下丘脑释放促激素,这些促激素经由血液系统到达位于身体当中的各个内分泌腺,如甲状腺、肾上腺以及女性性腺(卵巢)等处,促使这些腺体过度释放激素,引发身体内环境失衡。失衡的身体内环境又通过自主神经和体液通路反作用于大脑,加重大脑神经兴奋/抑制失调。

兴奋/抑制发生紊乱，5-HT、NA等神经递质异常，引发了失眠和内分泌失调。由此看来，宗教的办法不会使这位女士获得真正的安全感，不能降低杏仁核的兴奋性，使她的精神能够放松下来。相反，可能导致更加严重的问题。

专栏：睡眠的生理与功能

在我们从觉醒进入睡眠时，大脑由兴奋转为抑制。在这个过程中大脑中的脑波也由兴奋状态的高频快波β波逐渐转为低频慢波α波→θ波等。

此外，在整个睡眠过程中，我们的睡眠深度也并不是一成不变的。从觉醒进入到深度睡眠总共要经历四个阶段，它们通常被称为1期、2期、3-4期，和REM期。其中1期被称为浅睡眠期，是大脑由高频快β波逐渐转慢的过程；相对1期，2期睡眠有更多的慢波；3-4期被称为深睡眠期，大脑中以慢波，如θ波等为主；REM期被称为快动眼睡眠期，在REM期人们通常是在做梦，这时脑波也会由慢波转为觉醒时的快波。在一整夜的睡眠中，这几个睡眠阶段循环往复，如1期→2期→3-4期→2-1期→REM期→1-2期→3-4期等。其中，从入睡到第一个REM期完成被称为一个睡眠周期，它在成人通常是90分钟。

由在睡眠中脑波的变化我们知道，一些会使大脑兴奋的通灵，或者灵修不但不会帮助睡眠，有时还会适得其反。我在临床上遇见许多教人修习灵性的"导师"有睡眠问题，他们自己不得不经常使用各类助眠药物。此外，日本有一位有名的灵修"导师"在教授灵修多年之后患上了难治性的睡眠障碍，她后来转而研究睡眠，还写了一本关于教人如何睡觉的书。

事实上，使用一些方法调整脑波改善入睡和睡眠是可行的。很多实验数据显示，我们在关注外界环境时大脑警醒，脑波通常以 β 波为主；当我们将注意力转向关注自身状态时，比如，呼吸频率和深度，肌肉紧张度等，脑波就会转变成以 α 波为主。因此，如果因长期被各种"身"外之事因扰照顾不到自己就会引发失眠，而一些诸如睡前按摩，温水浴和精神—肌肉放松训练等都会帮助我们进入睡眠。

一些十分热爱工作的"工作狂人"认为睡眠是在浪费时间和生命，事实上并不是如此，睡眠对生物体本身有很多的益处。比如，睡眠可以帮助我们恢复和保存能量，促进体内新陈代谢的垃圾排出，促进生长发育，增强学习和记忆等。因此，那些工作负担比较重的人们想要尽可能地压榨和缩短睡眠时间来完成工作，从长远来看，这并不十分可取。

四、战胜心理创伤

就像被感染的创口得不到适当的处置就会逐渐侵蚀身体的其他部位一样，受到创伤的心灵得不到治疗就会逐渐侵蚀大脑的其他部分。至今为止，精神类药物对有心理创伤的患者的治疗效果十分有限，类似创伤后应激障碍（PTSD）这类精神类疾患几乎主要通过心理治疗才能最终获得痊愈，虽然这个治疗与痊愈的过程并不十分容易。事实上，在现今社会，几乎很少有人不带有任何创伤和创伤体验地活着。生活在社会群体当中，我们几乎经常会遭受到来自他人的"死本能"的攻击，而且有时也会攻击他人。因此，在这种情况下，我们不仅要学会如何看待创伤和创伤体验，还要学会如何去平息它。另一方面，很多创伤和创伤体验来自人际交流上的偏差，这些偏差是由无法感同身受和自我中心等导致的，它们受到个人经验、记忆和人格的影响。举个例子，曾有一位父亲带着儿子来找我。这个男孩儿情绪低落，厌学、暴躁和不爱与人说话。一年前这位父亲自作主张地给儿子转了学，他认为自己的儿子学习不好，与其在外地念书不如回到家乡。父亲的这一举动使男孩儿认为父亲不相信自己，对自己失望，这使他倍感受伤，因而也就"破罐子破摔"了。

　　一些极端的心理创伤发生在丧亲、事故和被凌辱等之后，如果这类心理创伤在它出现时就能得到及时处理，那么这个受伤的人就是非常幸运的，因为这就等于是在为未来作储蓄。不过，大部分的人可能没有那么幸运，但它也并不意味着"实在是糟透了"。因为，我们的大脑具有可塑性，它随时都会为发生在你的心灵中的变化做好自我更新的准备。目前，用于创伤治疗比较有效的方法是我在第二章为读者介绍过的眼动脱敏与再加工（EMDR）和身体体验治疗，使用这两种方法治疗创伤通常需要在合适的治疗环境中，在一位合格的治疗师的帮助下进行。这两个疗法都有它们各自相对完整的理论体系和治疗架构，而且，它们对实践它们的治疗者的要求也非常高，EMDR的创始人弗朗辛·夏皮罗在《让往事随风而逝》中也是这样强调的。遇到一位好的EMDR和身体体验疗法的治疗师时就像遇到了一位合格的临床主治医生，或者一位十分有经验的主任级的医生一样，他们对你和你的创伤的认识和治疗水平完全不亚于一位十分有经验的医生对于一种疾病的认识和治疗水平。

　　除此之外，现在市面上也有很多创伤治疗的自助手册和指南在销售，一些希望可以倚靠自己的力量走出创伤阴影的人可以根据你自己的情况，有选择地搜索相关的书籍来阅读。请注意，选择阅读一些好的文学、哲学、艺术类作品及伟人传记也是有帮助的，因为好的作品可以直接进入心灵世界，找到伤疤所在的位置，驻留在那里呵护并逐渐消解你的伤疤，并在那里为你重新注入力量。如果你

第三章 旅程

没有办法倚靠自助走出创伤的阴影，那么你可能需要一位合格的心理专家的帮助。请注意，你无须为你需要帮助责怪和贬低你自己。事实上，这与你上学时遇到不会做的难题时去请教专科老师是一样的。请尊重你自己的时空，在自己不了解和无法处理的情况下及时求助并不是一件不光彩和见不得人的事。相反，知道自己何时需要帮助，需要什么帮助，并且知道去哪里和向什么人寻求帮助都说明你有足够的能力和资源帮助到你自己。

五、战胜疼痛

疼痛是身体向大脑发出的求助信号，它在告诉大脑身体的哪个部位受伤了，需要特别的关注。因此，能够感觉到疼痛是有利于生存的。不过，大脑中存在的神经的"竞争性"兴奋/抑制平衡和"自上而下"的调节通路，使"疼痛"与"感觉到的疼痛"之间也有一些差别，即真实的损伤引起的疼痛与我们能感觉到的"痛感"之间的程度是不一样的。它既可以被放大，也可以被缩小。

损伤引起的不同程度的疼痛感在个体之间的差异来自遗传和后天的经验。其中，来自遗传的部分指的是不同个体的先天痛觉阈限是不一样的，也就是一个人会对多大量的疼痛刺激有感觉（如图3-13）。小明的疼痛阈限（b）比小刚（a）高，因此更多的疼痛刺激（B）才能被小明感觉到。这就是我们通常说的，小刚要比小明敏感，比小明更怕疼的原因。此外，后天的养育环境和成长经历也会影响一个人的痛感，不过它通常影响的是一个人对痛的态度，并且通过"自上而下"的途径改变一个人的疼痛体验。举个例子，如果有一次小刚在摔倒受伤的时候，他的妈妈或者爸爸心疼地把他扶起来，问他是不是摔疼了，并且温柔地帮助小刚清洗伤口，即使先天的低痛

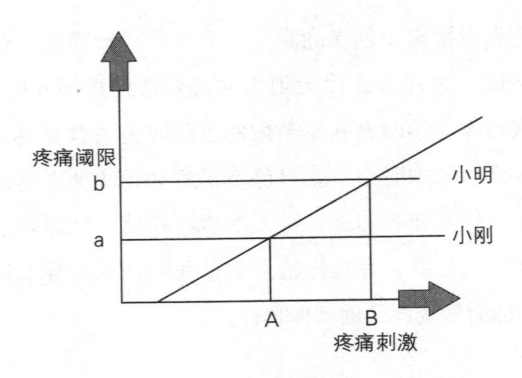

图3-13 疼痛阈限

觉阈限使小明很容易感觉到痛，他也不会认为这是一件可怕的事情。而且，疼痛能够带给他的不良体验和痛苦也会减轻。曾经有一个患有严重的顽固性三叉神经痛，又叫疼痛性痉挛的患者，他只要动一下就会痛得要命。一位外科医生使用外科手术损毁了他前额叶的某一处小小的部位之后，他的疼痛就完全改观了。他可以轻松又快乐地玩耍，当人们问他还痛不痛时，他说："还是那么痛，但是我现在感觉很好。"这个手术并没有切断引起痛感的神经，患者仍然能够感觉到疼痛。但是，前额叶部位的损伤改变了痛觉模式所引发的情绪反应，使患者的痛苦消失了。

痛觉属于我在大脑功能中提到的躯体感觉，在生物体的皮肤、器官和组织中分布着许多的痛觉感受器，它们把伤害刺激转换成电信号传递到大脑中，于是，生物体就能感觉到疼痛了。而且，就像我在前面介绍的电池回路一样，痛觉回路不是一条直连电池的闭合导线，在它上面有许多的电阻和开关（图3-14）。迄今为止，科学家们已经在这条通路上发现了一些开关和电阻的部位，它们是位于脊髓的一些中间神经元和一些位于脑干的含有神经递质，如5-HT和β-内啡肽受体的神经核团等。因此，我们感觉到的疼痛会受到这些

第三章 旅程

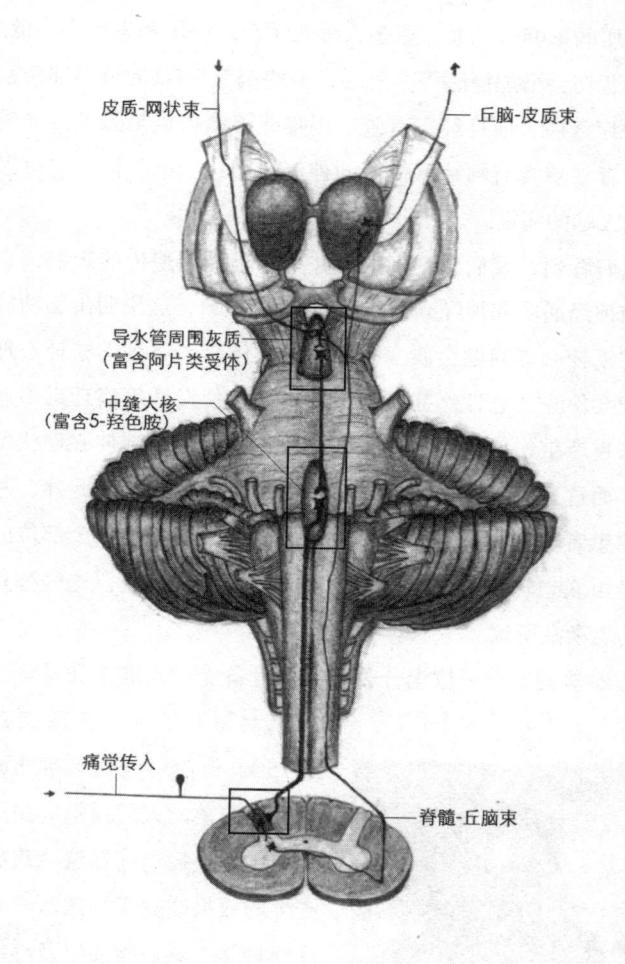

图3-14 痛觉调节系统——网状结构通路（网状结构主要位于"脑干"）。我在图中用矩形线圈标注的就是痛觉传导通路上的电阻器和开关，这些电阻器包括位于脑干中位上的中缝大核，其中含有5-HT神经递质；以及中脑导水管周围灰质，其内的神经元上富含阿片类受体。吗啡等阿片类物质可以通过此电阻改善疼痛。此外，（皮质-网状束）下行神经纤维内5-HT的水平也可以影响人们对于疼痛的感知，这一部分受到对疼痛的态度的影响。

神经递质的影响。比如，很多人都能领会，快乐和幸福会降低痛感；紧张和悲伤会增加痛感等。另外，一些调节5-HT的抗抑郁药物也被用来治疗疼痛，而且经常有效；吗啡能够镇痛也是源于传导痛觉的通路上存在着含有阿片肽受体的神经核团这个电阻器，它可以改变传递到大脑的痛觉。

我们看到，我们感觉到的痛并不只是受到遗传的影响，它也受到大脑神经递质和神经兴奋/抑制平衡的影响，这说明由脑功能紊乱所致的精神心理问题会改变我们的痛觉体验。不良的精神心理状态很可能会使一些急性疼痛转为慢性疼痛，使慢性疼痛迁延不愈，并且越来越严重，使遭受疼痛折磨的人备受煎熬，精神心理状况每况愈下，而这又会加重慢性疼痛患者的不良疼痛体验。此外，一些焦虑症的患者也会"自上而下"地把偶然出现在身体某个部位的一阵刺痛经由联想转化为全身不适的、必然出现的疼痛，这些都是由于大脑功能紊乱所致。

心理学史上有一位十分著名，而且备受后人推崇和爱戴的催眠治疗大师米尔顿·艾瑞克森（图3-15），他使用催眠术帮助那些备受疼痛煎熬的人们缓解疼痛。他开创的催眠止痛治疗在这些病患身上产生的效果改变了临床医学领域和疼痛科学领域对疼痛以及疼痛治疗的观念。不仅如此，催眠止痛在某种程度上也减少了某些病患的吗啡使用量，赋予了这些病患战胜慢性疼痛的主动性。至今为止，在全世界范围内的许多医疗机构已经在给

图3-15 米尔顿·艾瑞克森

疼痛患者的临床综合治疗方案中使用催眠止痛治疗。

六、战胜成瘾

我在本书的很多地方都介绍过成瘾，我们之所以会成瘾是因为在大脑中存在奖赏回路。不管什么，只要它能使我们感到快乐，就都有可能使我们成瘾。一些人使用毒品获得快乐是一种极端的行为，它们可能并不知道除了毒品，还有什么方法能够使他们获得他们所欲求的兴奋与快乐。强制戒毒之后，人们并不会忘记毒品曾经带给他们的"至高欢愉"，因为成瘾的记忆并未被有效处理，而且也很难完全处理，于是，这些记忆很容易就会被线索重新唤醒，引发复吸。毒品成瘾者追求"即时""短路"一般的巅峰刺激（图3-16）和快感，却不曾想过那对大脑是毁灭性的。

我们知道一些人比另外一些人更容易成瘾，在很多情况下，这些人在他们的成长过程中一些本能—奖赏行为在被表现出来的时候被成人硬生生地给切断了，这使他们感到羞愧、内疚、自责和愤怒等，我们可以想象大人们在有些时候就仿佛着了魔一般地把小孩子们最喜欢、最爱不释手的玩具给强制性地扔掉，大人们以为只要扔掉了玩具，断了孩子们的念想就结束了一切。但是，对于孩子们来说，大人们扔掉的可能是他们的整个世界，而且，是他们未来一有机会就想要拼命找回的那个世界。比如，一些公众们普遍认为"已经获得了成就"的人也可能感觉不到快乐。这些人虽然可能已经拥有了大多数人都难以想象的财富、名声和地位，但是，他们可能对这个既存的世界无感，仍然觉得少了一样似乎能给他们带来真正快乐的东西，而那样东西可能不过就是一个在他们年幼的时候被父母强制扔掉的、很不起眼的、甚至称不上玩具，却对内心世界有十分

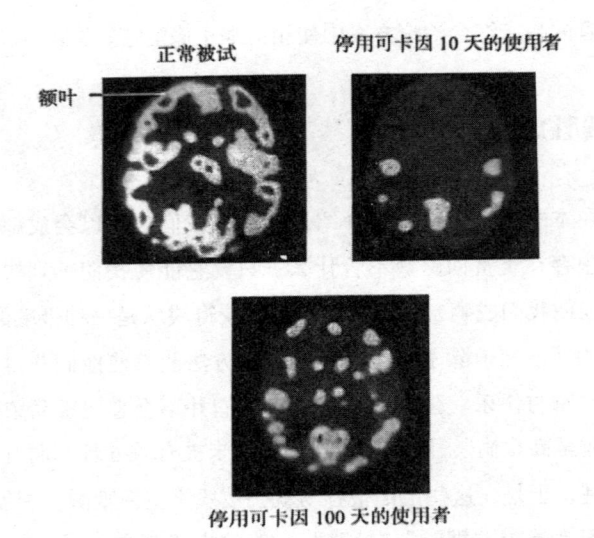

正常被试　　　停用可卡因 10 天的使用者

额叶

停用可卡因 100 天的使用者

图3-16 "短路"的大脑；图中的亮点代表我们在进行活动时兴奋起来的脑区，我们看到正常人在进行活动的时候很多脑区兴奋，而吸食可卡因的人在进行同类活动时大部分的脑区失能。毒品使这些人的大脑几乎瘫痪了，这是十分惊人和可怕的。

重要的意义的东西而已。事实上，那些当初被强制扔掉的东西并不会消失，反而会被深埋进心灵。当它们重现的时候，就会像一个浑身散发着无限魅力的，躲在幽灵船上唱歌的女海妖一样，一不小心就会把不慎被她迷惑的人们拉入万丈深渊。

我们也可以用一个思想实验来了解这类情况。比如，你在某个中午的时候特别想吃到某食品，你迫不及待地来到工作单位附近的某个可以吃到某食品的饭馆。你看到已经有很多人坐在那里等候了，而你下午还有一个很重要的客户要见。虽然你心有不快，不过，想到某食品你就止不住地流口水，你看时间还算充裕，于是就决定坐

第三章 旅程

下来等候。可是，过了快两个小时服务员也没有把某食品端上来，而且仍有几位想要吃某食品的、排在你前面的客人也还在等候。于是，你不得不离开这个餐馆，随便找了另一家饭馆，勉强吃了点东西填饱肚子就去见客户了。这类情况就相当于我们在对某食品最有需求的时候被动性地无法获得满足。请读者结合自身的情况想一想：如果发生了这种情况，你是不是对某食品的需求更加强烈了？你会想找个时间好好地满足自己，大吃一顿某食品吗？或者你会使用一大堆的理由说服自己，某食品有什么好？甚至使某食品在你嘴里的味道都变坏了？还是你十分有办法什么都不做，只是发动你的大脑就能让你自己忘记这件不愉快的事情？等等。无论你选择怎样做，这些都可能与你的成长环境和你所受的教育和经历有关。你可能知道如何适度地控制本能，又不会使自己失去快乐；你也可能知道除了本能之外，你还可以有许多获得快乐的途径；也或许你早就已经习惯不快乐了，快乐对你也没有那么重要了。

无节制地追求快乐和"巅峰体验"的人把"自我控制"看成是极度可怕的事情，他们甚至还会极力地嘲讽和挖苦那些在他们看来是"老八板"的人。这些人很可能深刻地体验过在本能——快乐回路被"强制"切断时所遭受的那份痛苦和不适，并深受其害，而他们终其一生也只想奋力地逃离当初的那份痛苦。事实上，神经兴奋/抑制平衡本是进化的优势，但却被不良的社会文化和家庭养育环境逼上了极端，因而造就了一些心灵满是伤痕的、固着于过去的、"自我中心"、"纵欲无度"和"自私自利"的小人儿。

此外，成瘾者通过自助的方式摆脱成瘾通常是十分困难的，它相当于这些人不得不倚靠他们自己的力量去挣脱那个牢牢牵制住他们的、拥有强大的吸引力的海妖，而心灵早已千疮百孔的他们并没有那份力量。一些有强烈动机的人，在真正关爱和理解他们的家人的支持下可期望获得解脱，但仍可能被某些不良的情境诱发。此外，EMDR的创始人弗朗辛·夏皮罗曾经用EMDR处理成瘾者过去的创伤记忆，也成功地使很多人摆脱了成瘾。

附录

患者健康问卷抑郁自评量表（PHQ-9）

在过去的2周里，你生活中以下症状出现的频率有多少？	完全不会	好几天	一半以上的天数	几乎每天
1. 做事时提不起劲或没有兴趣	0	1	2	3
2. 感到心情低落、沮丧或绝望	0	1	2	3
3. 入睡困难、睡不安稳或睡眠过多	0	1	2	3
4. 感觉疲倦或没有活力	0	1	2	3
5. 食欲不振或吃太多	0	1	2	3
6. 觉得自己很糟、或觉得自己很失败，或者让自己或家人失望	0	1	2	3
7. 对事物专注有困难，例如阅读报纸或看电视时不能集中注意力	0	1	2	3
8. 动作或说话速度缓慢到别人已经察觉？或正好相反，烦躁或坐立不安、动来动去的情况更胜于平常	0	1	2	3
9. 有不如死掉或用某种方式伤害自己的念头	0	1	2	3

计分方法：量表总分等于每个问题得分的总和。

第三章　旅程

量表结论：
0~4分没有抑郁
5~9分轻度抑郁
10~14分中度抑郁
15~19分中重度抑郁
20~27分重度抑郁

如果失眠患者的此量表测试总分超过15分，建议于精神或心理门诊就诊，进一步明确是否患有抑郁症。

失眠严重程度指数量表（ISI）

1.描述你当前（或最近2周）入睡困难的严重程度

无（0）轻度（1）中度（2）重度（3）极重度（4）

2.描述你当前（或最近2周）维持睡眠所产生困难的严重程度

无（0）轻度（1）中度（2）重度（3）极重度（4）

3.描述你当前（或最近2周）早醒的严重程度

无（0）轻度（1）中度（2）重度（3）极重度（4）

4.对你当前睡眠模式的满意度

很满意（0）满意（1）一般（2）不满意（3）很不满意（4）

5.你认为你的睡眠问题在多大程度上干扰了日间功能（如导致日间疲劳、影响处理工作和日常事务能力、注意力、记忆力、情绪等）

没有干扰（0）轻微（1）有些（2）较多（3）很多干扰（4）

6.与其他人相比，你的失眠问题对生活质量有多大程度的影响或

损害

没有（0）一点（1）有些（2）较多（3）很多（4）

7.你对自己当前的睡眠问题有多大程度的焦虑和痛苦

没有（0）一点（1）有些（2）较多（3）很多（4）

计分方法：量表总分等于每个问题得分的总和
量表结论：
0~7分无显著失眠
8~14分轻度失眠
15~21分中度失眠
22~28分重度失眠

参考文献

郝伟,于欣,2013.精神病学[M].北京：人民卫生出版社.

美国精神医学学会,2016.理解DSM-5精神障碍[M].夏雅俐,张道龙译. 北京：北京大学出版社.

赵忠新,2016.睡眠医学[M].北京：人民卫生出版社.

谢斌,2016.住院医师规范化培训精神科示范案例[M].上海：上海交通大学出版社.

杨艳杰,2018.生理心理学[M].北京：人民卫生出版社.

范德考特,2016.身体从未忘记：心理创伤疗愈中的大脑、心智和身体[M].李智译.北京：机械工业出版社.

彼得·莱文,2017.心灵创伤疗愈之道：倾听你身体的信号[M].庄晓丹,常邵辰译.北京：机械工业出版社.

Mark P. Jensen, 2011. Hypnosis for Chronic Pain Management:

Therapist Guide[M]. New York: Oxford University Press.

Mark P. Jensen, 2011. Hypnosis for Chronic Pain Management: Workbook[M]. New York: Oxford University Press.

迈克尔·库赫,2017.为什么我们会上瘾:操纵人类大脑成瘾的元凶[M].王斐译.北京:中国人民大学出版社.

瑞迪·哈格曼,2013.运动改造大脑[M].浦溶译.杭州:浙江人民出版社.

M.斯科特派克,2017.少有人走的路:心智成熟的旅程[M].于海生,严冬冬译.北京:中华工商联合出版社.

于松.提高企业员工核心自我评价的重要性及其途径分析[J].现代国企研究,2019,154:32-33.

Chapter 04

第四章

更新

真理的大海，让未发现的一切事物躺卧在我的眼前，任我去探寻。

——艾萨克·牛顿

在阅读本章之前，我要先提出一个老生常谈的问题。请你认真思考一下，自己有哪些优点和缺点？你拥有哪些你认为值得为自己骄傲的特质，和哪些让你感到十分受挫的特质？有些人可能无法回答这样的问题。因为他们并不十分了解自己，自己或许是一个谜。请再思考一个问题，你认为你所注视的那个人有什么优点和缺点？如果你无法回答第一个问题，却能轻而易举地回答第二个问题，你可能习惯于回避探索和了解自己，也可能怀疑自己，并且没有信心。或许你感到有很多的不确定性。有些人可能会在未来的旅程当中逐渐勾勒出自己的清晰样貌。不过，就像"如入芝兰之室，久而不闻其香"一样，如果不能时常打开"你自己"这个储藏室去整理一番，时间久了就可能会遗忘掉储藏室中有什么，甚至会忘记储藏室，更不用说温故而知新了。我们有时会听到一些曾经造就辉煌的创作者抱怨自己黔驴技穷，感觉自己已经没有灵感或者创作的源泉。这些人可能遗忘了自己的储藏室。在这一章，就让我们走进自己的储藏室中去看一看吧。

第四章 更新

第一节 存在

曾经在一个精神科医生与一位自称是"尸体"的病人之间发生了有趣的事情,这位病人坚持声称自己是一具"尸体"。于是,精神科医生用针刺病人使他流出血来。这个医生想从逻辑上告诉病人,他不是尸体。结果,这个医生的努力白费了。病人看着自己流出血迷惑地喘息道:"岂有此理……尸体居然流血!"医生见状后说:"那好,既然尸体可以流血,我很想知道它还可以做什么?也许它可以唱歌、跳舞、大笑、消化食物,甚至学东西。咱们试试吧。你看,你或许会发现作为尸体也可以过得不错。而且,你还可以保留作为尸体的好处……"事实上,这种情况十分类似于准备一顿丰盛的晚餐。无论你有多少思路和多么巧妙的构思,都不得不尊重手中的食材。否则,那将会是一件可怕的事情。

在最后这一章,我预备购买一张通向远方的火车票。我想,我得先把我所有的兜儿里里外外地翻一遍,把可用的家当全部找出来。然后,把它们凑起来一一数遍,估算一下,它们可支持我坐到哪一站。好吧,现在,就让这一切从"遗传"开始吧。

一、遗传

在现代社会中,有一些人十分讨厌"遗传"这两个字。因为,这两个字可能使他们因感到无能为力而受挫。比如,天赋、智商、容貌、身形、家世等等。有些人无法容忍自己对遗传这堵"墙"望而生叹。于是，他们想尽一切办法去打破这堵使他们感到十分受限的"遗传之墙"。而且，这些人的努力也并没有白费，他们发展了科学技术，建立了科学王国。其中，最值得一提的就是美容整形技术。不能不说，它的确给许多人送去了福音。

我曾经诊疗过一位患有惊恐障碍的女性，她认为惊恐障碍这个疾病使她的生活失控了。但是，事实上，就像我在第二章中介绍的，经常是在人们无法控制他们的生活之后才患上了惊恐障碍。这位女士一想到自己快30岁了就十分痛苦，她觉得她完全掌控不了。她的脑中有许多与变老有关的限制性信念，这些信念使她极力去抵抗那些她完全无法掌控的东西，却生活得一塌糊涂。还有一位工作狂人也患上了惊恐障碍，在放松训练之后，他感到一阵轻松，甚至还有一些欣喜，他高兴地说他自己仿佛进入了"神"的领域，他想要"弑神"。

图4-1　神奇的DNA（供稿：王鑫洋）

第四章　更新

　　这个工作狂人说他想要"弑神",我无从知晓他的确切含义,我猜想那可能与一些宗教文化以及他对某些体验的解释有关。不过,我认为我们体内的遗传物质DNA有些类似于一些宗教文化中所提及的"神"这个概念。DNA依照我们父母的样貌刻画我们,也掌管我们所有先天的反应,但是,DNA作为遗传物质并不能完全决定我们的命运,我们的命运,或者说人生历程也取决于我们后天的努力。此外,DNA也不能容忍它自己因落后、愚昧和无知等被人类嫌弃,虽然它的本质不太可能在短期内发生巨变,因为这对生命来说是十分危险的,但是,它允许自己被调试。它很清楚,相比生命未来漫长的发展历程,它也还只不过是个懵懂孩童。因此,它开放自己,接受概率,创造可能性;不仅如此,它还把整个进化史刻在自己的身上,使存在过的一切都能留下痕迹……如果想要寻找生命进化的轨迹,就像我在第二章"消失的记忆"中提到的那样,我相信,我们也可以通过DNA赋予我们的一切事物当中,逐渐拼出它的模样。

二、教养

　　中国古代儒家文化中就提到了教养,它是说人们从小就应该习得一种规矩,在接人待物和处事上表现出一种敬重的态度。在现今社会中,有很多人认为教养限制了人类的潜能和发展,他们无视规矩和法则,完全跟着感觉走。这些人不断地追求感官上的刺激,无止境地享受和鼓吹"短路"带来的所谓的巅峰体验。事实上,就像我在前面介绍的,真正的教养属于有益生命发展的行为,它并不会对生命的潜能制造限制。相反,它在发展前额叶,通过教养构建大脑中的抑制性神经系统。倒是那些打着教养旗号的简单粗暴的野蛮行为和纵溺行为才会真正地限制生命的潜能和发展。

大脑与我们：摆脱绝望，走出怪圈

曾经有人做过这样一个实验，一位教授在一个教学楼的大厅里面放了两盆一样的植物，他让每天来上课的同学们对其中的一盆植物说各种赞美的话，对另一盆植物泄愤，他们可以说任何能让自己快乐，但是别人听着却十分不堪入耳的话。结果，不久之后，那盆每天都会受到消极言语恶意攻击的植物就枯萎了。事实上，消极负面的情绪和言语对我们身体的损害与植物是一样的，无论是在我们的家庭、学校还是职场，它们不会帮助我们发展前额叶，构建起对我们有益的、健康的抑制性神经系统，它们会通过大脑中的压力系统回路损害我们的大脑（如图4-2），那些消极情绪通过杏仁核—下丘脑—肾上腺回路释放皮质醇，皮质醇会作用于海马体，使海马体的神经元发生萎缩，破坏我们的记忆系统，还会使人们容易患上阿尔茨海默病。

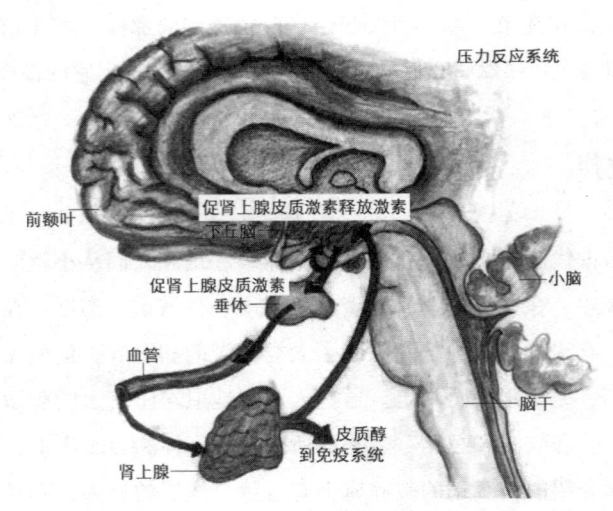

图4-2 压力与身体。大脑中的压力系统主要是指下丘脑—垂体—肾上腺回路。压力导致下丘脑—垂体—肾上腺过度释放皮质醇，这些皮质醇不仅会损伤身体的免疫系统，还会作用于海马，影响记忆。其中，对工作记忆的影响会使人失能。

- 218 -

第四章 更新

另外，纵溺行为对发展前额叶也毫无益处，它鼓励无度和恣意妄为，这就使大脑中的抑制性神经系统无法建构。因而，人们也就无法学会约束和控制他们自己的行为。举个例子，曾经有一位父亲因为无法忍受孩子游戏成瘾带着男孩儿前来。当时，他与孩子之间的关系已经连着好几个月僵持不下了。这个男孩儿的父母在生下他之后就到外地打工了，直到上小学前才把他接到身边。按照这位父亲的话说，他对男孩儿基本上是放养。但是，他最近发现男孩儿好像"有点问题"，因为他看上去比其他的孩子幼稚很多。比如，别的孩子做什么事情都"知止"，而他的孩子却不知道。于是，为了让男孩"适可而止"，这位父亲就对男孩儿采用了简单粗暴的强制手段。结果，孩子的不良行为却愈演愈烈。

在这位父亲问我"为什么我的孩子与别人的孩子不一样"的时候，我告诉他，你的孩子与别的孩子没有什么不一样，只是别的孩子的父母陪伴在他们的身边教育他们"适可而止"时候，你的孩子的父母在没日没夜地为生活打拼罢了。中国有一句几乎尽人皆知的古话，叫作"子不教，父之过"，但是，现在很多已经为人父母的成年人却耻于承担这份"过失"。相反，在面对令他们感到十分挫败的孩子时，他们把本来自己应该承担的那份过失也一同算在孩子的头上。这就如同一个医生因为自己的知识和经验不足，在面对自己无法处理的疾病时，开始辱骂病人为什么会生这种病一样。不过，这也并不完全是父母们的错，因为就像他们所说的，连他们自己也都搞不清楚，他们也被他们的父母这样养育，不还是看上去好好的吗？但是，我在前面也给读者介绍过，早年的不良生活经历会引发神经瘀堵，如果瘀堵得不到适当的疏散处理也会乘上"表观遗传"和"家庭养育"这趟列车代代相传。而且，无论怎样，对已然摆在我们面前的问题置若罔闻，或者否定也并不可取。相反，我们仍需对此有更多的理解与认识。

三、社群

我第一次听到"社群"这个概念是来自一位年轻的富豪在哈佛大学毕业典礼上的演讲，因为存在的"名人效应"，我想到它可能已经成为，或者将会成为一个流行的话题，或者趋势，我也留意关注了一下它。百度上是这样解释社群的：社群是社会学和地理学上的一个概念，它是指"在某些边界线、地区或领域内发生作用的一切社会关系"。在我们的实际生活中，社群就相当于一个有相互关系的群体网络，比如亲人、朋友、同学和同事等社会群体，也包括社区和各种文化团体等等，还有你所加入关注，但是并没有什么实际交往的陌生人和熟人群体。你可以因为某个兴趣爱好、你的需要和志趣加入一些社群，这样你很有可能遇到一些志同道合、惺惺相惜、而且又十分谈得来的人。不过，你也可能经常会遇到限制你选择的情况，也就是说，你无法选择你身边的人，比如，购买房屋时你的楼上住户，你工作单位的同事和领导，还有一些强制性推送的信息和公众号等等。在这些你无法完全自主选择的社群中，你可能遭遇一些与你的价值观和信仰不一样，甚至有冲突的人，这些人可能经常会使你的感受和感觉都很不好，你却无法避免与他们打交道，但是你也可能通过与他们的相处获得新的经验。不过，真正糟糕的是，你可能会遭遇那些有社会适应性的精神疾病患者，或者心理阴暗的小人，而且很难完全不被他们影响。不仅如此，在某些情况下，你可能还会因为杏仁核引发的原始的战斗—逃跑反应做出十分不理智的行为；在另一些情况下，你的命运也被无知无觉地影响了。

就像儿时摆弄含羞草一样，当它的叶子在被我们触碰之后缩回

第四章 更新

去的时候,我们开心地把它看作一个害羞的小姑娘,并且开始喜欢它。不仅如此,一些不了解情况,而且又十分喜好浮想联翩的人还可能会赋予含羞草各种意义,比如,有灵气、一位落入凡尘的仙子,并且相信它与别的植物不一样。甚至,还会在冥冥之中对它生出一股好感和情意;此外,我还看见一些人在网络上看见原始的单细胞生物,如变形虫正在捕食的小视频时,相信变形虫具有意识,但是,就像我在第一章中介绍的,事实并不是如此。有些人习惯于对他们并不了解的事物抱有幻想,而且毫无来由地坚信不疑,这使他们容易轻信,陷入迷信,或者误入歧途(比如,迷信有身份、地位、名望的人)并且合理化它们,在大脑中建构迷信回路。这种情形类似于"在最开始的时候说了一个谎,之后就要不停地圆谎"一样,它具有自欺欺人,和自我催眠的性质,但是,它并不是真实的。不仅如此,这个"迷信回路"还会"自上而下"地瘫痪生物体先天就具有的表征系统,使它失能,使生物体丧失现实检验能力而迷失,为了更好地理解这一点,我给读者讲述一个"串珠子的灰姑娘"的故事。

串珠子的灰姑娘是一个生活在大人世界中的小孩儿。她每天看着周围繁忙的大人们感到十分孤单和寂寞,而且觉得自己不被重视,甚至也没有人主动关注她和她的需求。她向往大人的世界,想要快快长大,认为长大了就可以获得关注,但是她却发现她竟然怎么样也无法长大。有一天,灰姑娘遇到了一个卖衣服的老妖,这个老妖说,她做的衣服是穿上就可以实现任何愿望的衣服。于是,灰姑娘买下了一件穿上了就可以马上变成大人的衣服,她还要了老妖的地址和联系方式,以便随时都能够找到老妖。穿上衣服变大的灰姑娘看起来是个大人了,她以为从此可以不再孤单,可以被关注。但是,她发现事实并不是她想象的那样。她本来想象自己长大后就可以被

大脑与我们：摆脱绝望，走出怪圈

关注，想象人们围着她谈笑风生，开怀大笑，其乐融融。但是，她发现大人们都在忙着自己那个与柴米油盐有关的一亩三分地，仍然没有人关注她和她的需要。于是，她不得不再次去找老妖，买下了一件穿上了就能忙活起来的衣服。可惜的是，灰姑娘的愿望还是没有实现，她仍旧没有获得关注。不过，灰姑娘也终于知道什么衣服才能让她实现愿望了，她再次去找老妖。这次，她向老妖买下了一件霸王衫。

灰姑娘用霸王衫建造了一座豪华的宫殿，在宫殿的门口贴上"有食物"的告示，并且在入口处放了一些食物。于是，一些饥饿的人们来到宫殿，吃掉了放在入口处的食物。之后，他们在宫殿中发现了一本空白的"食客手册"和一张协议，协议内容如下：

各位亲爱的食客：

你们好，这里是有无限食物的灰姑娘宫殿，在这里你们随时能填饱肚子，不过请先阅读"食客手册"，同意之后请在空白处签字。

我已阅读食客手册，并充分理解其中内容，保证绝不违反手册

图 4-3　串珠子的灰姑娘（供稿：王鑫洋）

中的规定，签名_____

　　此外，我将不定期对手册内容进行更改和调整，对手册内容有任何疑问的食客可以来我处问询，同意请签字_____

灰姑娘呈

四、文明

　　我认为，文明代表了人类对于美好生活的一种向往，它是在人类不断地创造和发展的未来当中逐渐显现出来的，因此，相对于当下来说，它总是并不十分地明确，而且，它也不太可能被哪个"先知"准确地预测。不过，相比文明来说，从"野蛮时代"一路走来的人类的确是有可能知道野蛮的样子。事实上，人类也正是在不断地挣脱过去的野蛮当中逐渐走向未来文明的。不仅如此，在文明的构建与发展的过程中也含有对于来自生物体本身的野蛮本性，比如，死本能，和一些痕迹反应等的理解、包容与建设性的运用。不过，野蛮也并不容易摆脱，它也会随着文明一起发展并呈现出新的面貌，比如，过去认为那些穷凶极恶，使用暴力和粗鄙蛮不讲理的无赖行为是野蛮；在现代社会，无视社会公德在干净的街面上乱扔杂物和随地吐痰也是一种野蛮等等。

　　除此之外，文明也与我们的精神生活息息相关。我在第二章就提到过，随着人类文明的发展，"死本能"也已经融入了语言、文字和各种意识形态当中，这就使它不仅能通过直接的暴力行为对我们造成伤害，还可以逐渐侵蚀我们的心灵与精神世界。而且，这种影响是累积性和潜移默化的，可以从量变逐渐发展到质变，因而，它也是精神心理疾病一旦发病就很难短期治愈的原因之一，因为在出现症状之前，这些患者心灵上的变化已经历时久远了，我用一个例子来说明：

曾经有人打电话告诉我说，他遇到了一个自称是修炼了500年的黄鼠狼的人，想要向我咨询该如何处理。我推想这个人参加过某些迷信活动，事实上也正是如此。我告诉他这个人得了"与迷信相关的精神障碍"，需要使用抗精神病的药物治疗。我曾经在工作中遇见过许许多多这样的人，他们没有什么文化，也不懂科学，但是，他们十分相信迷信的说法，也十分容易上当受骗。他们当中有一部分属于相信"一蹴而就"或者"投机取巧"的人；有的是因为命运多劫，于是他们不得不寄托于神灵，乞求神灵的帮助摆脱困境；还有的实在是遭遇"穷途末路"了，他们因他们要改变命运的强烈需要，在一些居心叵测之人的引诱之下，相信可以通过通灵和连接宇宙，获得来自自然和宇宙的、源源不断和无穷无尽的力量，从而脱胎换骨，改变命运……

我们的确可以在这里做一个假设，即，假设真的存在轮回转世，那么，我认为我的前世十分有可能是一条修炼了一万年的龙，理由是我曾经在梦中见过一条龙。这条龙之所以能在现世为人是因为已经"获批"可以于下世转而为"神"。对于现世已为人身的我来说，过去那个修炼了一万年的龙与有关它的故事已经融入了现世的我的血脉当中，而现世中的我并不需要知道那些事情才能够快乐和富有意义的生活，并且有机会通过我自己辛勤的努力去创造财富，和实现理想。相反，我在现世的生活中所要做的恰恰是通过持续性地修行甩掉我前世作为兽类的那一身的"龙气"，转而修习"人气"。况且，我看见与我擦肩而过的形形色色的人们，他们当中的一部分的前生也有可能是某个修炼了千年，或者万年等等的某类动物。此外，在我洋洋得意、沾沾自喜地向谁夸耀我是一条修炼了一万年的龙的时候，我可能根本不会知道，站在我面前的那个人正是一只修炼了

第四章 更新

10万年的凤！我这条一万年的龙对它而言，根本不值一提！如果是这样的话，我猜想那个疯疯癫癫地自称是修炼了500年的黄鼠狼的人或许实在是无法忍受修习"人气"之苦，于是，它在为人身的时候就开始贪恋前世身为500年黄鼠狼的风光了（图4-4）。

我在好几年前曾听说有一位美国人创造了一个被叫作"前世今生"的催眠。这个人使用催眠回溯的方法帮助求助者唤起他们的"前世"，使他们在催眠当中看到他们自己的"前世"，领悟他们在现世所受的苦，接纳那些苦难并重生，这个人以此来治疗有精神心理问题的人，想必这位美国人毫不怀疑地相信在这个世界上存在轮回和转世。不过，在我看来，他在催眠中唤起的所谓"前世"，如果那不是一种虚假的记忆的话，也不过是一种创造性的想象，但是，在催眠师的解释和引导之下，它的确可能具有一定的治疗作用。

图4-4 我是一只修炼了500年的黄鼠狼（供稿：王鑫洋）

第二节 远征

现在，这列即将通向远方的火车已经徐徐地开动了，请先检查一下你自己，你有没有备齐必要的东西，为即将到来的长途旅程做好准备呢？很好，请注意，这个旅程可能并不会很轻松。在旅程当中，你可能看见美丽的朝阳，可能看见碧绿又透明如镜的湖水，看见远处挺拔耸立、积雪覆盖的高山，还有潺潺的流水，金色的麦穗，绿色的芦苇，天空的大雁……它们可能与你擦身而过，你甚至没有机会去细细体味和享受其中的乐趣，但是，它们已经在与你相遇的那个时候，深深地驻留到了你的记忆当中，成了你心灵中的一部分。不仅如此，只要你不遗忘你自己，它们就会在你需要它们的时候，自然地来到你的身边，帮助你渡过难关，它们就是那些与你有关的一个个美好的记忆！

一、请带上身体

前文介绍了杏仁核—下丘脑—内分泌腺回路，严格来说，它又叫杏仁核—下丘脑—垂体—内分泌腺回路。这个回路是高级生物体的压力系统回路，我们在生活中感受到的压力就是通过这个回路引发各类精神和身体异常的。它使神经兴奋/抑制失衡，使脑功能发生紊乱，还影响内分泌系统和免疫系统。因此，长期处于压力的环境中就会使人患上精神心理疾病，以及免疫系统和内分泌系统的疾病，比如，过敏、甲状腺疾病等。

我曾经在诊疗室中遇到一位患有糖尿病和失眠的商业人士，他来我的诊室是想开具一些助睡眠的药物。但是，就在我低头写处方的时候，他突然打开了"话匣子"，跟我讲述他正在做的"大工程"。他说他与国外某个知名大学和知名机构合作，开发出了一种治疗糖尿病的新型药物，而且正准备投入临床实验，他滔滔不绝地跟我介绍那个药物"如何如何"地好；此外，他还让我批量地购买他正在代理的睡眠监测手环，让我把这些手环推荐给那些到我这里看睡眠问题的患者。事实上，我十分地清楚这位商业人士为什么年纪轻轻就患上了失眠和糖尿病，因为压力和焦虑已经使他的神经系统和胰腺不堪重负了。不仅如此，他还选择忽视和嘲笑他自己的身体，在他的眼中，他的健康仿佛一文不值，但是处处是生意，人人是客户，他宣称他卖的是那些对他的疾病有助益的药品，但他自己显然没有从中获得任何好处。

二、书写一部《有关于你》的自传

如果说在DNA上记载了整个生命发展至今的进化史，那么谁有理由不去为作为人类这个短短的生命的自己也记录一笔呢？而且，如果你知道这样做有助于发展你的大脑功能和意识系统，你可能更乐意去实践它。我在第一章的意识部分给读者介绍过"感受性"表征系统，它起自爬行动物脑的脑干，表征的是生物体自身的状态。如果这个系统受到破坏，生物体就会失去意识。事实上，"感受性"表征系统表征的自我感是一种非语言的信号，因此，它常常不会那么容易地就被生活在大千世界当中的生物体注意到。此外，我们已知在脑干的部位分布着一些储存神经递质，如5-HT、NA，和DA的神经核团，这些神经递质核团在接收到来自身体的信号之后就会释放神经递质到相关的脑区，引发生物体的情绪反应，这使得那些一开始仅仅由"感受性"表征系统表征的身体状态并且很容易就会被生物体忽视的非语言信号可以通过引发的情绪被生物体注意到。不过，我们也已经知道，由于非语言的感受信号和情绪信号都受到高级脑区的调控，因此，经由环境的塑造，一些"自上而下"的自动化的操控机制仍然会使这些被表征了的信号无法引起生物体的注意，尤其是对于那些遭遇过心灵创伤的人来说。就如我在第二章中图2-8中介绍的情况一样。如果这些"自上而下"的操控是以牺牲我们的现实检验能力为代价的，就会影响我们的认识活动。比如，通常情况下，当外环境中的各类因素刺激我们感官的时候，在我们的体内就会发生动力学上的变化（如图1-30，视网膜—下丘脑通路），这时，我们大脑中的表征系统就会自发地启动，开始表征自我，表征客体和表征关系，使我们能够认识。此外，大脑的注意系统、专注力系统也参与认识活动。在认识的过程中，我们身体的内部仍然发生着深刻的动力学上的变化。在这之后，我们的认识和那些被我们认识的东西就会形成与我们有关的个性化的经验，储存到我们大脑中的记忆系统，也即我们的心灵当中，形成有关于我们自己的传记。如果组成认识系统的脑区和神经回路因为"自上而下"的因素等等出现兴奋/抑制失调，使信息的沟通和交流不畅，就会影响我们的认识。

因此，我们的传记是在我们的认识活动当中逐渐形成和发展的，正是那些我们所能认识的和我们的认识决定了我们传记的模样。不仅如此，我们能够认识什么、如何认识，以及我们的认识程度都受到我们的大脑功能的影响，并且也会通过记忆塑造我们的大脑。因此我们也可以说，通过认识活动形成的与你有关的记忆组成的一部《有关于你》的自传，就是你的样子。

第四章　更新

参考文献

Allis, C. D. 等, 2009. 表观遗传学 [M]. 朱冰, 孙方霖主译. 北京: 科学出版社.

结 语

成长的一个好处就是,它会让人渐渐远离那些消极影响,逐渐拥有独立思考和理性判断的能力,不断创新甚至创造奇迹。

致 谢

本书作者在这里感谢参考文献中所列出的出版社和译者，感谢你们在世界各地寻找宝藏，并辛苦翻译出版，使已经离开象牙塔近10年的我仍然能够继续汲取知识、深化学习，并为我的临床实践和在临床实践中的发现寻找理论支撑，最终建构起我认为十分有意义和效用的临床心理治疗体系。我也感谢使这本书最终出版的同道们，感谢你们为完善、出版和发行这本书所做的工作。感谢一直信任我和支持我的亲人和朋友，也感谢几十年来一直坚持不懈、始终如一的自己。